青春文庫

カリスマ訓練士が教える
イヌがどんどん飼い主を好きになる本

藤井　聡

青春出版社

はじめに

「愛犬がかわいくて、かわいくて仕方がない」

そう思えばこそ、飼い主は〝イヌが喜ぶこと〟〝快適に暮らせること〟なら何でもしてあげたい、と考えます。飼い主には、イヌがその愛情を大歓迎で受けとめてくれていることに一点の疑いも抱いていないかもしれません。

「いつもしっぽを思いっきり振っているのは、大喜びしている証拠でしょ？」

たしかに、しっぽを振るのはうれしいときのサイン。でも、イヌはうれしいとき、喜んでいるときにだけしっぽを振るわけではありません。緊張や恐れを感じ、ストレスにさらされているときも激しくしっぽを振ることがあるのです。

つまり、「しっぽを振っている→喜んでいる」と単純に思い込んでいると、イヌのストレスを見逃し、快適な暮らしとは逆の方向に追い込むことにもなりかねないのです。

「へぇ～、すっかり誤解していた。これからしっぽには注意しなくっちゃ！」

ちょっと待ってください。誤解はそれだけではありません。これまで1千頭以上のイヌとその飼い主との関係を見てきた経験、また、「困ったイヌの駆け込み寺」としてさまざまなトラブルの相談を受け、解決のためのアドバイスをしてきた経験からいえば、飼い主が愛犬のためと信じてやっていることの7割、いえ、8割はイヌにとってストレスのタネになっています。

広い部屋で放し飼いにしてあげていることも、まめにかまってあげていることも、決まった時間にエサをあげていることも……すべてイヌがストレスを感じる原因です。

「まさか、そんなぁ!?」という印象ですか？　しかし、これは厳然たる事実！

このようにかわいくて仕方がないという飼い主の思いが、逆にストレスをかけることになっているままで、イヌが本当に飼い主を好きになることができるでしょうか？

本書では、飼い主が知らずにストレス源になってしまっている「イヌとの接し方」のすべてを検証し、その解消法の極意を公開しました。また、何気ないストレス・サインをどう見抜くか、その方法についても詳しく説明しています。

それまで気づかなかったストレスをとってあげると、イヌが飼い主を見る目はみるみる変わりはじめます。

イヌが不安や興奮から吠えたり、かんだりするクセはピタリとやむでしょう。散歩に連れ出しても、飼い主がイヌの行動を見守るのではなく、イヌが飼い主から目を離さなくなるでしょう。

大好きな飼い主の言うことなら喜んで従いたくなり、わざわざオモチャを使って遊ばせなくても、いっしょに出かけるだけ、いっしょに何かをするだけでも大喜びで受けとめ、絶対的な信頼を寄せるようになります。

そして、イヌと飼い主がいつも楽しく、ほっとする関係が築かれていくのです。

藤井　聡

カリスマ訓練士が教える

イヌがどんどん飼い主を好きになる本 目次

❷ 意外なホンネがわかる〝ボディ・サイン〟　55

3 〝飼い方〟ひとつでイヌの気持ちはガラリと変わる

4 「一緒にいてほっとする関係」をその場でつくる裏ワザ 129

5 カリスマ訓練士が教える、もっと仲良くなる遊び方

コラム ワンポイントアドバイス

カバー写真　©Datacraft Co./ Ltd./amanaimages
本文イラスト　ゆーちみえこ
本文デザイン　センターメディア
編集協力　コアワークス

1
こんな可愛がり方は、イヌにとってストレスだった

「かまってあげないとかわいそう」と思っていませんか

待望の愛犬が家にやってきた日のことを覚えていますか？　さて、いちばん最初にどんな思いを持ったか、思い出してみてください。

「このコも今日から家族の一員。思いっきりかわいがって、寂しい思いなんて絶対させないゾ！」

家族になったイヌとのつきあいの基本は、なんといっても〝愛〟。たっぷりの愛情を注ぐことを決意したという人も少なくないことでしょう。そして、愛犬とのふれあいの日々がはじまります。

いま、人気のプードル、チワワ、ダックスなどの小型犬はもちろん、ラブラドールレトリーバー、ゴールデンレトリーバーでも、家の中で飼う人が増えています。いつも見える範囲、手が届く範囲にイヌがいるわけですから、手が空《す》いていれば、ついついかまうことになります。

外出から帰ったときなどに、イヌが「キャンキャン」とまとわりついてくる姿はかわいいものです。そこで飼い主は、

「私がいなくて寂しかったのね」

「忙しくて相手をしてあげられなくて、ごめんね」

と、かまい方にもグッと熱が入ります。寂しくさせたぶんを取り戻して、イヌとの関係をいっそういいものにしようとするわけですが、これがとんでもない誤解。

実は、家の中でイヌと遊ぶことはストレスに直結しているのです。

かまえばかまうほど、遊べば遊ぶほど、イヌにストレスをかけることになります。なぜでしょう。

飼い主にもさまざまな都合があります。どうしても手が離せないことが起きることもあるし、突然の来客といったこともあります。

でも、遊ぶことが毎日の習慣になっているイヌには、そんなことは理解できません。遊んでくれなければ、当然のこととして遊びを要求します。

「きょうはおかしいじゃない！　どうして遊んでくれないの？」

具体的な行動としては、吠えたり、飛びかかったり、なにかをくわえて持ってきた

り。家族がイヌにかまわないでテレビを観ていたりすれば、テレビの前を行ったり来たりして妨害したりもします。

遊んでくれない飼い主の注目を引くための行動です。そのいとしい姿に、思わず「かわいいなぁ」と思うかもしれません。

しかし、こうした行動に駆り立てているのはストレスなのです。ストレスが高じれば、行動もエスカレートして、スリッパをくわえて振り回す、物をかじるなどの問題行動に繋がっていきます。

「時間があるときは、かまってあげなきゃかわいそう」

というのは飼い主の勝手な思い込みにすぎません。

講演会などではよく、「家の中でどんな遊びをすればいいのですか？」「良い遊び方を教えてください」といった質問を受けます。〝誤解〟は、広く、深く浸透しています。

もちろん、

「家の中では遊ばないでください」

これが私の答えです。家の中は遊び場ではないし、運動場でもないのです。家の中では家族もイヌもゆったりと静かにくつろぎましょう。飛んだり跳ねたり遊んだりす

かまえばかまうほど、遊べない時のストレスに

るのは、外に出したときにたっぷりすればいいのです。

飼い主がかまわず、遊ばなければ、つまり、家の中で遊ぶことが習慣にならなければ、イヌはストレスと無縁でいられます。もう、「かまってあげなくちゃ」という愛の誤解は払拭《ふっしょく》しましょう。

「じゃあ、放っておくの？　いくらなんでも、そんなの冷たくない？」

「〝ふれあいなし〟じゃ、あまりに味気ないのでは……」

そんなことはありません。要は、ふれあい方なのです。4章で詳しく紹介する「ホールドスチール」「タッチング」……。これらの方法によるふれあいは大推奨です。

イヌの気持ちを鎮《しず》め、落ち着かせるこれらの方法は、正しいしつけの基本でもあります。遠慮なくどんどんふれあってください。

トイレを置いているのに、そこでやらない理由

トイレに行きたくてがまんできない！　緊急事態です。額に脂汗が浮き、全身が総毛立ったという体験を持つ人もいるかもしれません。

排尿・排便は「もよおしたら、すぐ」がなんといっても鉄則。愛犬にもトイレのがまんはさせたくないというのが飼い主の思いでしょう。そこで、部屋の片隅にトイレを置きっぱなしにする。

「がまんなんかさせたらかわいそう。したくなったら、いつでもできるようにね」

というわけです。

この思いやりもストレスの原因です。トイレを置きっぱなしにして、したいときにできる環境をつくったら、どんなことになると思いますか？

イヌの尿管《にょうかん》はゆるいのが特徴。そのため、自由に放し飼いにし、イヌまかせにするとチョコチョコと少しずつ何回もおしっこをすることになります。

もちろん、そのつどトイレに駆け込むなんてことはしません。したくなったときに、その場でしてしまいます。カーペットやソファの上でもおかまいなしです。

〝粗相《そそう》〟を発見したときの飼い主の行動パターンは決まっています。

「またぁ、こんなとこでおしっこして！　トイレでしなきゃダメでしょ、トイレでしなきゃあ〜！」

と感情的に叱りつけ、怒りあまって、イヌの鼻先を粗相をしたおしっこ跡に押しつけたりするのではありませんか？

これではイヌはたまりません。〝どこでしてもいいよ〟という環境をつくっておいて、そのとおりにしたら不当な扱いを受けるわけですから、ストレスになるどころか人間不信に陥るでしょう。

何度もそんなことがつづけば、イヌはおしっこをすることがいけないと考え、がまんをして体調を壊してしまうことだってあるのです。

イヌにストレスをかけない排尿・排便のさせ方は、飼い主がしっかり管理することに尽きます。

トイレタイムを飼い主がつくってやる。すると、イヌは決まった場所で心おきなく

トイレの置きっぱなしはおもらしのモト

排尿・排便をするようになりますし、トイレタイム以外におもらしをすることもなくなるのです。

方法を説明しましょう。

前提は、家の中では放し飼いをしないで、ふだんはハウスに入れておくこと。

ハウスでじっとしているイヌは、ハウスから出して、からだを動かすと利尿作用が起きます。そこで、サークルで囲ったスペースをつくり、ペットシーツや新聞紙を敷いて、そこにイヌを入れます。周囲がサークルで囲われていて出られなければ、イヌはその中でおしっこをします。したら、サークルから出して、ペットシーツや新聞紙はサッと片づけてしまいます。

この「ハウスから出す」→「サークルに入れる」→「排尿・排便をする」→「サークルから出す」→「すばやく尿便の処理をする」という一連の流れを繰り返していると、習慣性の高いイヌはサークルの中で排尿・排便をすることを覚え、さらにサークルを取り除いても、決まった場所でするようになるのです。

「あれっ、尿のにおいは残しておいたほうがいいんじゃなかったっけ」

そんな疑問を感じた人がいるかもしれません。これも多くの飼い主が持っている誤った常識です。

イヌにとって、おしっこのにおいが残っている場所は、できるだけ敬遠したいところなのです。ほかのイヌの尿に自分の尿をかけるのがマーキングです。自分の尿にはマーキングしないのです。

乾いてしまって目には見えなくても、嗅覚《きゅうかく》の鋭いイヌは、かすかに残っている尿のにおいを嗅《か》ぎ分けて、その場所を避け、汚れた場所ではしたくないと違うところでおしっこをします。

つまり、においを残しておくことは、あちこちでおしっこをすることを奨励しているようなもの。飼い主の思惑とはまったく逆の結果になります。

「放し飼いをしながら、決まった場所でするようになる方法はないの?」

放し飼いには反対ですが、飼い方は飼い主の考えしだい。どうしても放し飼いにするというなら、「ご自由に」というほかはありません。

さて、放し飼いをして、決まった場所で排尿・排便をさせる方法もないわけではありません。

イヌがいる部屋の床全体に新聞紙を敷き詰めます。イヌは好き勝手なところでおしっこをしますが、どこでしても〝新聞紙の上〟ということには変わりありません。この「新聞紙の上でする」ことを習慣づけていくのです。

3週間くらいは床全体に新聞紙を敷き詰めておき、その後、2~3日ごとに1枚ずつ新聞紙を減らしていきます。

〝新聞紙の上〟という条件のスペースを少しずつ小さくしていくわけですが、この方法でも、イヌは最終的に新聞紙1枚のスペースでするようになります。

しかし、そこにたどり着くまでの時間と労力を考えたらイヤになりませんか？　時間と労力などいとわないというなら、どうぞ！

広いハウスはかえってイヌを不安にさせる

愛犬には、自由に動き回れるような、広々としたスペースを与えてあげたい。飼い主の多くはそう考えます。

だから、ハウスもできるだけ大きなものを用意したりします。これも実は間違いなのです。

イヌにとって、もっとも居心地がいいのは、「立ち上がることができる高さと、フセができる幅と奥行きがある」スペースです。

「そんなぁ、それじゃ、いくらなんでも狭すぎない⁉」

という声が聞こえてきそうですが、動き回れるほどの広いスペースでは、イヌは落ち着いて休んでいられないのです。

「狭くてかわいそう」と考えるのは、人間を基準にするからです。たしかに人間は閉所恐怖症でなくても、狭苦しい部屋に入れられたら大きなストレスを感じます。

しかし、イヌは違います。ほとんどの人は、それをわかっていません。98年にドイツシェパード犬の訓練世界大会出場のためにアメリカのボストンに行ったとき、こんなことがありました。

大会を終えて帰国するため、ニューヨークのＪＦＫ空港で私のシェパードを預けてチェックインしたところ、放送で私の名前を呼ぶのです。イヌを預けた貨物のところに来いといっています。

行ってみると、係官が血相を変えて、

「こんなにでかいイヌなのにこのケージは狭すぎるじゃないか！」

と語気を荒らげていいます。ここはイヌが喜んでそのケージの中にいることを証明するしかありません。

私は一度イヌをケージから出し、「ハウス」と声をかけました。イヌはスッとケージに入り、中でからだの向きをクルッと変えてフセの姿勢で落ち着きました。

「ほら、見ただろ。これが狭くてイヤがっているように見えるか？」

百聞は一見にしかず。安心しきってケージでフセをしているイヌを見せたら、怒りの係官だって、グウの音《ね》も出ません。「ＯＫ、ＯＫ」で一件落着となりました。

広いハウスは緊張感を与える

野生のイヌは横穴を掘って、そこを住み処《か》にしています。安心感があって、落ち着いていられる場所の最大の条件は、外敵の侵入がないことです。小さな横穴は、その条件にかなっています。

野生から人間に飼われるようになっても、イヌの基本的な習性は変わりません。ほかのイヌが2頭も3頭も入れるような広いハウスでは、イヌは外敵の侵入に備えなければならず、常に緊張感を強いられて落ち着いてはいられません。

安心して、のんびりしていたいハウスで、ピリピリと神経をとがらせていなければならないとしたら、どんどんストレスがかかるのは必然です。

「ほ〜ら、こんなに広いハウスだから、のびのびできていいね」

そんな、せっかくの飼い主の愛情を、イヌはこう受け取っています。

「どうだ、いつ、ほかのイヌが入ってくるかわからないゾ。自分のテリトリーはしっかり自分で守れよ」

この感覚のギャップがストレス源になることは、だれにでも想像できるのではないでしょうか。ハウスは狭く狭く、です。

「でも、ハウスはふつう成犬になったときの大きさに合わせて買うものでは?」

ほとんどの飼い主がそうです。だから、子イヌのうちは、どうしても広すぎるハウスになってしまいます。

そこで、狭くするために段ボールを詰め込んだり、ぼろ切れを入れたりという工夫をしても、いたずら盛りの子イヌは、たいがい段ボールもぼろ切れも遊び道具にしてしまいます。効果のほどは疑わしいのです。

以前は、広さを仕切り板で調節できるタイプのハウスも出ていました。

イヌの成長に合わせて仕切り板を差し込み、いつもちょうどいい広さにできるというものです。すでに販売されておりませんので、自分で仕切り板や頑丈な段ボールの詰め物をつくって広さを調節するのもけっこうですが……。

〝吠え続けるイヌ〟のホンネ

ポメラニアンやマルチーズ、チワワなどの小型犬には〝吠える〟というイメージがあります。飼い主にも当然、そんなイメージは定着していて、吠えることにあまり注意を向けることはないようです。

玄関先にだれかが来て、けたたましく吠えても、「ポメちゃんだから、吠えるのは当たり前。まっ、しかたないか」と受け止めているケースが大半ではないでしょうか。

吠え声をがまんする忍耐力もイヌとの暮らしでは必要と達観しているのはいいにしても、それがイヌのストレスになっているとしたら、飼い主としては放置しておくわけにはいかないのではないでしょうか。

やたらに吠えるのは、ストレスを感じている証拠です。玄関チャイムが「ピンポ〜ン」と鳴ったら決まって吠えるのは、なぜだと思いますか？

「それは、飼い主に人が来たことを知らせるためじゃないの？　賢いじゃない」

と思っている人、じゃあ、飼い主が玄関を開けに行っても吠えるのをやめないのはどうしてでしょう。

吠えるのが来客を告げる賢い行為なら、飼い主が気づいた時点で吠えるのをやめるのが当然では？　吠えるのはどうも賢さからではないようです。

イヌは領域意識の強い動物です。よそ者が自分の領域に入ってくることには非常に神経をとがらせています。玄関チャイムは、そのよそ者が来たことを知らせるものですから、

「だれかがボクの領域に入ってくるゾ。なんとか追っぱらわなきゃ！」

と身がまえます。吠えつづけるのは、自衛のための行為、よそ者を追っぱらう行為なのです。

人間とは大きさも力も比べものにならないほど小さなイヌが、わが領域を必死で守ろうとしているわけですから、一般人がプロの格闘家を相手にするに等しいのです。これはものすごいストレスです。「ポメちゃんだから～」と見過ごされたら、イヌはたまったものではありません。

「じゃあ、チャイムを鳴らないようにするか」

耳のいいイヌは、足音からも、よそ者の接近をラクラク察知します。音なしチャイムも効果なし！　大切なのは、領域は飼い主が守るものだということをイヌに感じさせることです。

「だれか来たけど、ボクたちの領域はご主人が守ってくれるから安心。ボクが出しゃばる必要はないもんね」

そうイヌが感じていれば、よそ者が来て、たとえ一瞬は吠えたとしても、飼い主の「やめなさい」の一言で静かになるものです。飼い主が「主」、イヌは「従」という関係ができていることが、領域内でイヌがストレスもなく、安心していられる条件です。

もちろん、そのいい関係は、自然にできるものではありません。日々のイヌとの接し方がカギを握っています。散歩のとき、イヌに引っ張られて歩く、家族より先に食事を与える、食事をしているテーブルに登ってきても放っておく、じゃれついて飛びかかってくるのを喜ぶ……そんな飼い主の姿勢は、本来の主従関係を逆転させることにつながっています。「どれも、わが家でやっていることばかり…」という人は主従関係の再構築、つまり、イヌのストレス解消にいますぐ着手です。

警戒心をとると、吠えグセはピタリとやむ

糞を食べるクセはどこから起こる？

もし、愛犬が自分の糞《ふん》を食べている現場を目撃したら、あなたならどうするでしょう。

「きゃっ、汚い！　うんちを食べるなんて、異常だわ。精神的にどうかしちゃったのかしら？　すぐ獣医さんに診《み》てもらわなくては……」

ほとんどの飼い主が、おそらくそんな反応を示すのではないでしょうか。人間の感覚からすれば、自分が出したうんちを食べるなんて、明らかに異常行動。イヌの中でとんでもないことが起こり、それが異常行動に走らせている、と考えたとしても不思議はありません。

しかし、イヌと人間は違います。生まれたばかりの子イヌについて考えてみましょう。生まれたばかりの子イヌは目も見えないし、自分の足で立つこともできません。でも、母イヌのおっぱいは飲みますから、当然、尿も便も出ます。

「じゃあ、しばらくの間は〝垂れ流し〟なの？」

いいえ、母イヌはきちんと〝親〟としての自覚を持っています。わが子の尿や便の処理を怠るようなことはありません。

どうするか？　自宅で出産させた経験がある人は聞かずもがなだと思いますが、母イヌは子イヌの尿も便もなめて処理するのです。

まだ、立てずに這っている子イヌたちのからだを引っくり返し、鼠径部《そけいぶ》をなめます。なめられた刺激で尿意、便意が起こり、子イヌはチョロチョロ、ポトンと尿や便をします。それを母イヌはきれいになめてしまいます。

こうした習性を持っているイヌにとって、うんちを食べる、つまり、食糞は異常な行動でもなんでもありません。食糞を異常行動ととるのは、飼い主が人間と同じようにイヌを見ているからです。「イヌはイヌとして見る」という、もっとも基本的な飼い主の姿勢を、まず持ってください。

子イヌが自分で排尿・排便ができるようになったら、母イヌがなめて処理することはなくなりますが、イヌが食糞に抵抗がないということは変わりません。実際、東南アジアなどの食糧事情がよくない国々では、イヌのエサも潤沢ではありませんから、土着犬が自分の糞や人糞を食べているという光景に出くわすことがあります。

しかし、ここは飽食の国・日本。愛犬の食糧事情が悪いということは考えられません。むしろ、イヌも飽食の結果、肥満してしまっているというケースが多いほどです。エサをふんだんに与えている中で食糞が起こっているとすれば、なにかそうさせる原因があることになります。

いちばんの原因として考えられるのが「分離不安」。飼い主がいなくなって孤独に取り残されることによる不安です。ここで反論があるかもしれません。

「そりゃあ、できるだけいっしょにいてあげたいとは思うけれど、仕事だってあるし、とてもムリ。主婦だって買い物で外出することもあるわけだから、〝分離〟しないでワンちゃんなんて飼えないじゃない」

私はイヌを飼い主から離す〝分離〟に問題があるとはいっていません。分離することでイヌが不安を感じることに問題があるのです。飼い主がいなくなっても、不安を感じることなく落ち着いていられれば食糞も起こりません。

「飼い主がいなくなると、そんなに不安になるのかなぁ。出かけるときは必ず頭やからだをなでて、『おとなしく待っていてね』っていうようにしているし、帰宅したら真っ先にイヌと接触しているんだけれど……。だいいち、帰ったら大喜びでしっぽを振って飛びついてくるのを見てたら、不安を感じさせているなんて思えない」

そんなふうに考えている飼い主が少なくないかもしれません。出かけるとき、帰ったときのあいさつ（接触）を習慣にしている飼い主はかなり多いのが実情でしょう。もちろん、それがイヌに対する愛情からのものであることはいうまでもありません。

ところが、その離別・再会のあいさつがイヌに分離不安を感じさせ、それをますます強固なものにしているのです。あなたはスキンシップたっぷりの離別・再会のあいさつを、イヌがどんな気持ちで受け止めていると思いますか？

「できるだけ早く帰ってくるからね。いいコでお留守番しててね」

こんな飼い主の思いやりが、イヌにはこう聞こえます。

「さぁ、これからひとりぼっちになるのよ。寂しいよね、ホント、寂しいよね」

実際、その後は、飼い主がいないひとりぼっちの寂しい状況になるわけですから、イヌはイヤでも離別のあいさつの意味、つまり、それが、これから置き去りにするという宣言であることを理解するようになります。

群れで行動する習性のあるイヌが毎日毎日〝置き去り宣告〟をされたのではたまり

ません。大きなストレスになるのはだれにでも想像がつくところではないでしょうか。これが分離不安の正体なのです。

では、再会のあいさつはどうでしょう。留守の間、寂しい思いをさせたぶん、戻ったら思いっきり愛情を注ぐのだから、どこがいけない？　という感じを持つ人もいると思いますが、これも分離不安に拍車をかけます。

再会のあいさつをしていると、飼い主がいるときといないときのイヌの精神状態が大きく変わるからです。いないときの寂しさは増幅し、帰ってきた途端に興奮状態になります。精神状態が安定していればストレスもかかりませんが、毎日、気持ちが激しく動くような生活では、ストレスは高じるばかりとなります。

その結果、さまざまな問題行動が起きてきます。脱糞、食糞もそのひとつと考えていいでしょう。飼い主がいなくなると、トイレがあってもそこではしないで、カーペットの上でしてしまいます。帰宅した飼い主がそれを見とがめて叱れば、

「叱られるんだったら、食べちゃえ」

と考えるイヌもいるでしょうし、食べようとしている場面に遭遇した飼い主が、

「わっ、汚い！　ダメダメ、そんなの食べちゃダメじゃないの！」

ウンコを食べる意外な理由

片づけなくちゃ
もともと犬には
ウンコを食べる
習慣があるから
分離不安におちいると‥‥
ワ．叱られる
食べちゃえ
キャ～
ただいま
置きざり意識をもたせないようにする
いい子に
していてネ
あいさつ無しでお出かけを

なんて大騒ぎをすれば、食糞することで注目が引けることを学習することにもなります。

「うんちを食べようとすると、飼い主がすっ飛んでくる。これはいいこと覚えた！」というわけです。いずれにしても、問題の根っこは分離不安によるストレスにあることは、ぜひ知ってください。

「じゃあ、分離不安を感じさせないためには、どうすればいい？」

原因となる行動をしないことに尽きます。出かけるときも、帰ったときも、態度はあくまで平静。特別な接触のしかたをしないことです。イヌにかまわずに出かけ、帰ってきてもかまわない。

私は講演や講習会で数日、家をあけることも少なくないですし、外国の競技会に出場するときは1週間も2週間も留守にすることになりますが、帰宅しても、いっさいイヌとは接触しません。

イヌに興奮している様子があれば、翌日もその翌日も接触しないこともあります。それがイヌによけいなストレスをかけない、もっとも確実な方法だからです。

叩いて叱っても、大声で叱っても逆効果

飼い主はだれでも、しつけでは、ときに「叱る」ことが必要だと考えているのではないでしょうか。

人間の言葉がわからないイヌに「してはいけないこと」を理解させるには、叱るしかないというわけです。実際、私が受ける相談にも、「どう叱ったら、いちばん効果があるのですか?」というものが多いのです。それだけ、みなさんの愛犬は叱られることをしているということなのかもしれません。では、具体的に、どんな叱り方をしていますか?

「体罰はやっぱりかわいそうだから、叩くことはしない。大きな声で注意するようにしているけれど……」

これが多数派ではないでしょうか。たいがいの飼い主は、愛犬を叩くことには抵抗があるようです。そこで、鉄拳に代えて、大声・怒声を最大限に活用します。たしか

に叩くことは百害あって一利なし、です。

トイレの粗相をしたり、ソファや家具にかみついたり、ムダ吠えをやめなかったり、というときに一発の鉄拳制裁でそれらをしなくなるなら、しつけはどんなにラクでしょう。しかし、叩かれたイヌがそれで、

「なるほど、これはしちゃいけないことだったんだ」

「叩かれたのは、ソファをいたずらしたからだったのか。もう、やめよう」

と反省することはありません。イヌに刷り込まれるのは、〝叩かれた〟という事実（経験）だけです。しかも、イヌはとても記憶力のいい動物ですから、その事実をずっと覚えています。

私が知っているケースでも、こんなことがありました。飼い主との主従関係がきちんとできていて、人間にはとても従属的なイヌがいます。幼犬のころからいろいろな人と接触もし、飼い主以外の人間に対してもきわめて友好的。もちろん、だれにさわられても、吠えたり、かみついたりすることはありません。

ところが、このイヌにもひとりだけ例外がいるのです。幼犬時代、ちょっと騒いだときに、たった一発パンチをもらった人物です。それから長い年月が経つのですが、

イヌはそのことをはっきり覚えていて、この人を見れば吠え、近づけば「うぅぅ！」と唸《うな》り声をあげて威嚇します。どうしても、その人とは友好関係を持とうとしないのです。

イヌは叩かれた相手に対して、「敵対」あるいは「恐怖」の意識を持ちます。いまお話ししたケースは、敵対意識を持った典型的なケースです。

一方、恐怖を感じていると、その人には服従の姿勢を見せるかもしれませんが、ベースになっているのが恐怖感ですから、正しい主従関係とはいえません。この場合は、恐怖の対象となっている人にだけは従順で、ほかの人に対しては〝牙をむく〟といったことが起こります。

「やっぱり、叱るのは大声がいいということなんだ」

ちょっと待ってください。大きな声で叱りつけることが、イヌに「してはいけないこと」を自覚させることにつながると考えているとしたら、とんでもない誤解です。飼い主は叱っているつもりでも、イヌはまったく別の受け取り方をします。

たとえば、散歩に出たとき、ほかのイヌと出会う。よくあるシチュエーションです。そこで、愛犬がけたたましく吠えかかったとき、

「こらぁ、やめなさい。吠えちゃダメ!!」

飼い主がイヌにも負けない大声を出したとします。イヌにはどう聞えると思いますか?

「そうそう、その調子だ。もっと吠えろ。もっと威嚇して、おまえのほうが強いってことを教えてやれ。そら、頑張れ!」

イヌの受け取り方はこうです。吠える行為をやめさせようとして発する飼い主の大声を、イヌは声援と受け取るのです。けしかけられたイヌはますます興奮し、いっそうけたたましく吠え声をあげる結果になります。

散歩のたびにそんなことが繰り返されていたら、イヌはつねに緊張感にさらされることになります。ほかのイヌと出会ったら、飼い主から「さぁ、威嚇しろ!」とたきつけられるのですから、神経はピリピリ、ストレスは急上昇です。人間だって、つねに身構えながら街を歩いていたら、とても神経が持ちません。

「大声で叱ることがストレスにつながっていたなんて目からウロコ。じゃあ、どんな叱り方ならいいの?」

まず、叱ることが、しつけの絶対条件だという思い込みを払拭しましょう。叱り方を聞かれたら、私は必ずこう答えるようにしています。

叱り声をイヌは“声援”と受け取る

「叱る必要はないし、叱ってはいけないんです」

叱らなければいけない状況になる原因のほとんどは、飼い主とイヌの関係が正しく築かれていないことにあります。

正しい関係とは、飼い主が確固たるリーダーシップを発揮し、イヌが安心して飼い主に従っているというものです。

この関係が成立していれば、万一、ほかのイヌに吠えかかるようなことがあっても、「やめなさい」の一言で解決です。大声を出す必要もないし、リードを必死で引っ張って制止する必要もないのです。「叱る」ことは意識から追い出して、正しい関係づくりに集中しましょう。

エサのあげ方ひとつで信頼関係は決まる

規則正しい食事は健康の基本。異論の余地はありませんが、これは人間の世界の話です。それなのに、多くの飼い主がこの規則正しい食事を愛犬にも当てはめています。もちろん、健康のことを考えて、ということもあるでしょう。しかし、それよりもむしろ、

「おなかをすかせてはかわいそう」

という思いのほうが、決まった時間にエサを与える理由としては大きいのではありませんか？　家族の食事は多少遅れることがあっても、愛犬の食事タイムは厳守。

「だって、家事に追われて、あげるのをちょっと忘れていると、ものすごく吠えるんだもの。おなかが空いているのにエサがないって、すごいストレスになるのでは？」

たしかに空腹感とストレスは不可分。腹が減ればイライラするし、神経も逆立ってくる。しかし、これも「人間なら」です。

食事に関してイヌがストレスを抱え込む原因は、実はこの飼い主の気遣いにこそあるのです。決まった時間にきちんきちんと食事を与える。信じられないかもしれませんが、そのことがイヌにストレスのタネを植え付けていることになっているのです。

飼い主もイヌも、お互い生きた者同士。時間がくれば機械が自動的にエサを供給するシステムのもとでイヌを育てているのとはわけが違います。決まった時間の食事を心がけてはいても、時間がずれ込むことは往々にしてあります。前にも話しましたが、イヌは時間には敏感ですから、食事時間がずれ込めば、

「もう、とっくにメシの時間は過ぎてるじゃないか。なにやってんだ。イライラさせるなよ」

ということになります。このイライラは腹が減っているからではありません。エサが出されるはずの時間に出されないことによるイライラです。

だから、イライラさせないための方法はひとつ。イヌに「エサが出される時間」を意識させないことなのです。どうするか？　食事の時間を決めないことです。きょう朝の8時にあげたら、明日は9時、翌日は7時半というふうに、飼い主が意識的にエサを与える時間をずらす。こうすると、イヌはいつエサが出てくるかわからず、

「メシはどうした⁉　なにやってんだ」

と要求することはなくなります。飼い主がくれるときが食事時間だということが擦《す》り込まれれば、食事が遅い、早いということを意識することはなくなって、そのことでストレスを感じることはなくなるわけです。飼い主のほうも、

「あっ、大変！　もうワンちゃんの食事時間が過ぎちゃってる。早くあげなきゃ」

と取りかかっている仕事を一時中断してエサの準備をし、またやりかけの仕事に戻るという時間的なロスから解放されるという寸法ですから、メリットは二重にあるのではないでしょうか。

エサに関してもうひとついえば、私はイヌには1日1回の食事で十分だと考えています。

「えっ、ウソ！　うちでは家族と同じ1日3食なのに……」

そんな飼い主が多いかもしれませんが、必要な量を与えれば、1日1回でなんら問題はありません。

イヌは一気にエサをかき込みます。これは習性によるもの。野生のイヌは獲物《えもの》をハントして食事にありつきます。生きているのは厳しい自然界ですから、獲物はいつも

お腹をすかせて吠えてるわけじゃない

いるわけではありません。そこで、獲物にありついたときに一気にたくさん食べるというのが、食べ方のスタイルになっているのです。

そんな野生の血は、ペットとして飼われているイヌにも脈々と受け継がれています。つまり、一気食いで必要な量をとれば、それだけで十分に1日もつのです。なにも2回、3回に分けて与える必要はありません。さらに、1日に1回だけしかエサが出てこないとなったら、そのときにしっかり食べる習慣がつきます。

「朝はまぁいいや。昼にも夜にも出てくるんだから……」

という横着な意識は持たなくなるのです。また、エサの回数が減れば、排便の回数も減ります。

ただし、子イヌの間は、こまめに食事を与えることが必要です。生後50日前後は1日に3回、6～7時間おきに与えましょう。消化器官もまだ未発達ですし、基礎体力を養わなければいけないこの時期は、飼い主がしっかり食事管理をしてください。その後、生後3～4か月になったら1日2食、成犬になったら1日1食というふうに切り替えていきます。

カリスマ訓練士のワンポイントアドバイス❶

「散歩の仕方」でイヌが飼い主を見る目は変わる

犬は人の横に
ツナヒモはたるませて
目は合わせない
犬が前へ出ようとしたら犬の方に曲がりわざとぶつかる
犬が勝手な方向へ行こうとしたら反対の方向へ
アレ…
御主人様はどっちへ行くの？
犬は人を見ながら歩くようになる

2

意外なホンネがわかる“ボディ・サイン”

サイン1

〝マーキング〟の位置と飼い主との関係

　飼い主はだれでも、愛犬にストレスを与えようなんて思っているわけがありません。よかれと思って毎日散歩にも出かけ、添い寝もし、いっしょに遊んだりと、愛情をたっぷり注いでいるはず。

　でも、人間が思っている、ちょっとした〝誤解〟が、イヌにとってはストレスのもとになっているってこと、実はとても多いのです。

「口をきいてくれたら、なにを考えているかわかるんだけど……」

「ストレスを感じているんだったら、すぐにでもなんとかしてあげたいのに……」

　そんな思いから、イヌの気持ちがわかる翻訳機が発売されたことがありましたが、犬種も違い、個性も違い、育ち方も違うわけですから、すべてのイヌにその〝データ〟が通用するとはかぎりません。

　やはり、家族同然に過ごしているイヌの気持ちは、飼い主がいちばん理解できるはずです。

何気ないしぐさを観察してみてください。

「ボク、そんなことされても、ちっともうれしくないのに……」

「ワタシの気持ち、どうしてわかってくれないのかなあ……」

イヌはそんな思いを、さまざまなサインで知らせています。

何気ないしぐさの中に〝イヌの気持ち〟はちゃんと込められていて、うれしい気持ち、楽しいと感じていること、そしてストレスを感じていることも、ちゃんと示しているのです。

そのストレスサインのひとつが、毎日の散歩で行われている「マーキング」です。

「えっ、マーキングって、イヌならみんながすることでしょ?」

そう、実はこれが大きな誤解。たしかに、イヌの散歩でよく見かけるのは、地面に鼻面《はなづら》を押しつけてくんくんとにおいを嗅ぎながら、〝その場〟を見つけると、おしっこをジャーッ。ふつうに行われるマーキングの風景です。でも、これ、イヌにとっては絶えず緊張を強《し》いられているストレス兆候なのです。

イヌは自分の縄張りをとても大事にします。いつも通る散歩道に自分のもの以外のにおいがついていると、その上からおしっこをかけ、「ここはオレの縄張りだ！」と主張します。権勢本能がフル回転している状態です。

「それも、イヌにとってはストレス解消の方法なんでしょ？」

いいえ、それは逆。権勢本能は、上位にいる者が下位にいる者に示す力関係の証《あかし》です。どこかのイヌがマーキングした上に自分のにおいをつけて、

「どこのだれだか知らないが、このエリアではオレのほうが強いんだゼ！」

という意思表示なのです。

権勢本能が強ければ強いほど、片足を高くあげて、より高い位置にマーキングします。マーキングしたあとに地面を引っかいて、マーキングの証を強調する行為が見られたら、権勢本能は全開。

こうした行為が、実はイヌにとっては、とてもストレスがかかる状態なのです。イヌは群れをつくって集団で生活する動物。その群れの長ともなると、群れを守るために権勢本能は全開になります。

いつ敵が来てもいいようにと、つねに神経は研《と》ぎ澄まされ、緊張しています。マーキングはその本能を強める行為なのです。

“ストレス・サイン”を見逃すな

イヌの習性だからとマーキングを容認していると、そのうち、群れの長という意識が強く育ち、飼い主に対しても支配的となり、ストレスはますます高じて、横暴なイヌになってしまうのは必至。

「でも、本当は、守ってくれるご主人がいれば、いちばん安心なんだけどなあ～」

これがイヌの本音。イヌにとっては、服従している状態がいちばん心地よい状態です。ストレスを感じることなく、安心していられるのです。

サイン②

散歩のとき飼い主の先を歩くイヌ、歩かないイヌ

マーキングと同じ理由で、散歩のときにリードを引っ張るという行為も、ストレスを高じさせるサインのひとつです。主従関係がきちっと成立していれば、
「少しゆっくり歩いてよ、そんなに引っ張らないで。わんぱくなんだから……」
といった光景が繰り広げられることはありません。「でも……」と飼い主は思います。「だって、自由に自分の好きな場所へ引っ張って行くわけだから、ストレスなんて感じていないように見えるけれど……」

実は、そうではないのです。群れのボスと感じているイヌは、こんなふうに先頭を走りながら神経をピリピリさせています。「先頭を歩くのは、ボスであるオレの役目。変なヤツが来たら、ワンワン吠えて追っぱらってやるからな!」。

飼い主に付き添いけっして前を歩かない。そんなときこそ安心しているんですよ、イヌは。

サイン③

同じ場所ばかりペロペロなめるのはなぜ？

「うちのコはとってもきれい好き。だって、からだをペロペロなめて、いつもグルーミングしているもの……」

ちょっと待ってください。自分のからだをなめてきれいにするのは猫の習性です。猫を飼ったことがある人ならご存じでしょうが、猫はことあるごとにからだのあちこちをなめています。届かないだろうと思われる首の後ろまで、クルリと首をひねってペロペロ。耳の後ろにも手を回してゴシゴシ、ペロペロ。なめると毛がだんだんからだの中にたまりますから、ときどき「ケポケポッ」と吐き出します。

「そういえば、草を食べたりしては吐き出しているわね〜」

でも、イヌは違います。もともとイヌにはグルーミングをする習性がありません。野山を駆け回っていたころ、イヌのグルーミングはもっぱら木の枝や草むらでした。駆け回っているうちに、自然とグルーミングができていたのです。または、群れの仲間同士で下位の者が上位の者に行う毛繕《けづくろ》い行動をします。でもいまは、シャンプーからブラッシングまで、すべては飼い主がやってくれますから、自分でグルーミングする必要がないのです。

「だったら、うちのコがペロペロなめてるのは、なぜ……!?」

イヌはもちろん基本的にきれい好きですから、自分のからだをまったくなめないわけではありませんが、お風呂があんまり好きではない猫がグルーミングをするのとは、少し意味が違います。

「ああ、なんだか脇腹がかゆいぞ～」

そんなときにグルーミングをするのがイヌの習性。それに照らしてみると、同じ場所をしきりになめている様子が見られたら、なんらかの異常があると考えなくてはなりません。

かみ傷や切り傷はないか、皮膚病を起こしていないか、肛門のまわりはただれていないか……。全身をチェックして、なんの異常もなければ、その原因はストレスです。

イヌがつねに同じ行動をすることを「常同行動」といい、いくつかの行動パターンがあります。同じ場所をいつもなめている行動はそのひとつ。

「そういえば、うちのコがなめているのは、いつも足……」

そう、それがストレスのサインです。いつも同じ場所をなめつづけていると、そのうち、その部分が茶色く変色してきます。ストレスが高じてくると、さらになめる行動に拍車がかかり、毛がはげ落ちて皮膚が見えてくる。それでもなめるのをやめないと、皮膚は破れ、ストレスがエスカレートしてくると、なめるだけではなく、その部分をかんでしまうようにもなり、骨まで露出させてしまったイヌもいるほどです。

競技会に出るときの私の相棒のケリーというイヌもそうでした。けっして私の前ではなめなかったから、しばらくは気づかなかったのですが、からだを見ると鼠径部の皮膚が赤茶けている。動物病院で診てもらったけれど皮膚に問題はなく、病気ではなかった。ストレスだったんですね。うちにはほかにもたくさんのイヌがいますから、それが彼にとってはストレスだったのでしょう。

「ボクのご主人は、自分だけを見てくれているわけじゃない……」と。

ケリーはいま、競技会を引退し、フィンランドにいる友人の家に預けていますが、あっちへいってからはまったくストレス行動は起こさなくなっています。ケリーは世界大会にも出るほど優秀な訓練犬ですが、そういったイヌでもストレスはあります。

きれい好きでなめているわけじゃない

むしろ、逆に主従関係をしっかり認識しているイヌだったからこそ「自分に注がれる愛情が足りない……」と感じたのかもしれません。

もちろん、イヌの個性はさまざま。すべてのイヌが同じ環境でストレスを感じるとはかぎりません。ただ、多頭数でイヌを飼っている場合などには、比較的多く起こるイヌのストレス現象といえるでしょう。

さて、このストレス行動をやめさせるにはどうしたらいいか。ストレスの原因を取り除く以外にありません。

「もう、またなめているのね。ダメじゃない!」

などと叱ってはいけません。ストレスを感じてグルーミングしているのに、飼い主の怒声はさらにストレスを浴びせかけるようなもの。イヌはしだいに飼い主に対して不信感を覚えるようになり、主従のよい関係を結べなくなってしまいます。こじれた関係を修復するのは、もっと大変ですから……。

ストレスの原因はなにかを探ると同時に、毎日「タッチング」(4章)をして、からだも心もリラックスさせてあげましょう。ちなみに、鼻先をやたらペロペロなめるのもストレスのサイン。グルーミング同様、心が不安定な状態です。

サイン④

「ぐるぐる回る」のは“芸”じゃない

「うちのコは、ちゃんと〝ごはん〟といっておねだりするのよ。おりこうでしょ」

「前脚を上げてする〝ちょうだいポーズ〟が、うちのコは得意なんです！」

愛犬にたっぷり愛情を注いでいるからこそ、自慢したい気持ちだって芽生えてきます。

最近ではテレビにもイヌの番組が多く登場してきています。全国のワンちゃんが出演し、さまざまな自慢の芸を披露しています。その中に、こんなイヌがいました。

「うちのコは、（ある状況があると）その場でクルクル回るんですよ。教えたわけでもないのに、すごいでしょ！」

「ある状況」の詳細は失念してしまいましたが、たしか〝音〟に反応した行動だったと思います。そのイヌはかなりのスピードで回転していたという記憶があります。でも、この行動は明らかに、〝芸〟ではありませんし、喜ばしい〝個性〟でもありません。

本当はこんなストレスを抱えている……。

「わぁ～、なんだよ、この音！　耳障《みみざわ》りだよ～、どうにかしてくれ……!!」

イヌはそのイライラしたストレスを、回転するという行動で解消しようとしているのですが、飼い主の目には、

「運動不足だったのかしら？　でも、とっても楽しく遊んでいるみたい……」

そんなふうに見えてしまうのでしょう。だから、

「わあ、すごい！　じょうずじょうず。おりこうね」

などとはやし立ててしまう。また、イヌには「尾咬《おが》み行動」と呼ばれる、ストレスを感じたときに起こるといわれている常同行動もあります。

自分のしっぽをかむために、しっぽをつかまえようとクルクル回転します。その様は、まさに狂ったように、です。なかにはキャンキャン吠えながら回転するイヌもいます。

そんな状況のイヌに向かって、「はやし立てる」「ほめる」ことは、その行動を奨励し、さらに助長していることにほかならないのです。

こうした行動は、皮膚が裂けて血がにじむまでグルーミング行動をするケースがあ

るのと同じように、なんらかの強いストレスがかかっている場合に表れます。ストレスを感じたときに、なぜ、しっぽをかもうとするのかははっきりとわかってはいませんが、いうなれば、代替行為。強く感じるストレスを、しっぽをかむ痛みに替えようとしているのではないかと考えられています。

「そうよね。人間だって強いストレスを感じたとき、指先や爪をかんだり、貧乏ゆすりをしたりするものね……」

こうした尾咬み行動が多く見られるのは、ほとんどの場合、神経質な犬種。シェルティなどはその代表です。神経質な性質のシェルティは、自分の領域の中に少しでも〝他人〟の気配を感じると、ワンワンワンと吠えてクルクル回ることが多いもの。人の気配、バイクの通る音……などにもとても敏感ですから、そういった性質を持つイヌの場合は、特に庭先で飼うのはタブーです。

イヌは自分の領域内では、ストレスもなく、安心していられます。でも、それは、飼い主が「主」、イヌは「従」という関係ができていればこそです。ただ、そういった関係が築かれていてもなお、神経質なイヌは〝環境〟に耐えられずにストレスを抱えるケースがあるということを、飼い主はきちんと理解しておきたいものです。

サイン5

人見知りなイヌが抱っこされると必ずやっていること

イヌが自分のからだをなめるという行為には、もうひとつ、別の意味があります。それはなにか。緊張を解こうとしている行為だということです。

愛犬が家に訪ねてきたはじめて会う人に抱かれたとき、どんな行為をしているかを観察してみてください。

さかんにグルーミングしているのではありませんか？

「そうそう、そういえば、抱っこされている間中……」

このときのイヌの気持ちは、どんなものでしょうか。

「ボク、この人、知らないよ〜。ああ、なんだか緊張するなあ。ご主人がそばにいてくれるから大丈夫だと思うんだけど……」

そして、その緊張を解くように、おなかをなめたり、自分の足をなめたり、鼻の頭をなめたり……。

だれに抱っこされても大丈夫なイヌに育てるには

かわいいですね
イヤだなあ なめてあげるから、もう放して
子犬の時からふれあい習慣を
カワイイですね

つまり、イヌは感じたストレスを〝なめる〟という行為で解消しようとしているのです。小型犬に多く見られる行為で、これを「転位行動」といいます。

もっと観察してみましょう。〝はじめて会った人〟の手もなめていませんか？

「う～ん、やってる、やってる！」

イヌの社会では、相手を〝なめる〟という行為は、下位の者が上位の者に対して行うもの。「私は無抵抗です」ということを伝えるサインです。

抱っこされたイヌは、さかんにその人の手をなめて、それを伝えようとしています。いってみれば、極めて好意的な行為といっていいと思います。でも、はじめて会う人の場合は、特に、

「もう、これ以上、さわらないで……ね⁉」

という気持ちを同時に伝えてもいるのです。

ソワソワ、ペロペロ、ペロペロ、ソワソワ……。イヌは思いっきりストレスを感じて、それを一生懸命に解消しようとしています。

ところが、〝はじめて会う人〟はそうはとりません。

「わ～、この子、かわいい！　手をなめて親愛の情を示してくれているんだわ！」

と勘違い。

しかし、こうした行為も、グルーミング行動をしたり、相手の手をなめたりしているうちに緊張も解け、相手がなにもしない人だということがわかれば、しだいに治まってきます。

だれに抱っこされてもストレスを感じないイヌになるためには、やはり、生後1～3ヶ月の社会化馴致《じゅんち》の時期に外に連れ出し、積極的にたくさんの人の手にふれさせておくことです。

サイン6

眠くないのに"あくび"をする理由

愛犬がさかんにあくびをしているとき、飼い主が最初に思うのは、こんなことではないでしょうか。

「あくびなんかして、寝不足なのかしら……?」

イヌも人間と同じように、朝起きて、眠っていたときの姿勢をほぐすように、伸びをしたりあくびをしたりします。眠いときも、あくびは出るでしょう。

でも、起きているときにもさかんにあくびをするのは少し変。実はこのしぐさも、ストレスと大いに関係しているのです。

そのしぐさが顕著になるのは、「サイン5」でお話しした、はじめて会う人に抱っこされたとき。グルーミングをして、相手の手をなめて……という一連のしぐさのほか、観察していると、きっと、あくびもしているはずです。

「ああ、緊張するなあ~」

イヌがストレスや緊張をほぐそうとしてあくびをするシチュエーションは、知らない人に抱っこされるとき以外にもあります。

ハウスの習慣がきちんとついているイヌも、玄関に置かれたケージの中で落ち着かない様子を見せることがあります。

「ハウスの中はボクが安心していられる場所。ご主人もそういっていたから大丈夫だと思うんだけど、でも、ボク、すごく緊張している……」

家の中で〝放し飼いにしている〟イヌは、玄関のチャイムの音にも権勢本能をフル回転して「キャンキャン」と吠えますが、ケージ（ハウス）に慣れたイヌも、人の出入りの多い玄関先では落ち着きがなくなるもの。それがあくびとなって表れているのです。

「うちのコがあくびをしている顔って、とっても愛くるしい。口を大きく開けて、目も真ん丸に見開くんですよ」

と、のんきに構えていてはダメ。さかんにするあくびは、精いっぱいのストレス表現なのです。そんな心の訴えを見逃さないでください。

サイン７

ある日突然、うろうろ歩きだしたら要注意

愛犬が家の中にいるときは、どんな行動をしていますか？

「ハウスで寝ているか、ときどきおもちゃでひとり遊びしているか、かしら？」

それならＯＫ。きちんとハウスのしつけがされているイヌは、ふつう、いちばん安心できる場所にいるのが精神的にも安定した状態です。

飼い主の誘いがあれば、うれしそうに散歩にも出かけ、家族に交じって団らんを楽しむこともありますが、ふだんはハウスの中にいて気持ちが落ち着いた状態です。

そんなイヌが、昼間、ハウスにいる時間が少なくなり、部屋の中を行ったり来たりするようになったとしたら……。それはストレスの兆候です。

動物園を思い起こしてください。訪れる人たちには、特に子どもたちにとっては、図鑑や絵本でしか見たことのない動物たちを目の当たりにできるわけですから、楽しいに違いありません。

でも、動物たちは、はたしてその生活を喜んでいるのかといえば、はなはだ疑問。もちろん、自らエサを探して野山を駆け回る必要がないことや、人間とのふれあいに安定した気持ちで暮らしている動物もいるでしょう。でも……。

動物たちをよく観察してみると、落ち着きがなく、うろうろと同じ場所を行ったり来たりしている場面を見ることがあります。

一見、エリアの中を自然な感じで歩き回っているかに見えます。でも、これは、ストレスから発生する「常同行動」。足をなめつづけるグルーミング行動や尾咬み行動と同じものなのです。

行ったり来たりする動作は緩慢ですから、その行動がストレスによるものだとは、見ている側にはピンとこないことが多いかもしれません。パッと見にはイライラしていることはわかりません。

「なぜだかわからないいけど、落ち着かないいんだよね」

と、そうした行動を起こしているイヌ本人にも、実はわかっていないのかもしれません。野性の血の記憶がザワザワとしているということだって考えられなくはありません。

もちろん、はっきりしたストレス原因があれば、それを取り除いてやるのが飼い主の役目。最近、環境に変化はありませんでしたか？

「そういえば、引っ越しをしたばかり……」

「新しい家族が増えました。赤ちゃんが生まれたんです」

まだ、ほかにはありませんか？

「最近家を留守にすることが多くなったわねぇ～」

「つい先日、家族で旅行に出かけたので、4日間ほどペットショップに預かってもらいました……」

イヌは環境の変化にとても敏感です。「いつもと違う……」ことに適応するには、飼い主のたっぷりの愛情が必要です。

部屋の中を意味もなく行ったり来たりする様子が見られたら、タッチングでたっぷりふれあい、ストレスを解消してやりましょう。ときには外でボール遊びなどもいいかもしれませんね。

また、よく見られる常同行動に、「ハエ追い行動」というのがあります。

空中を見上げ、パクパクパクパクッと口を開け閉めして何かをくわえようとする。その様子がハエを追っているように見えるところからこういわれるようになったのですが、もちろん、実際にハエは飛んでいません。にもかかわらず、ふだんは見られない行為をするのはなぜでしょうか。

そのしぐさのルーツは、やはり、野性時代の血の記憶としかいいようのないものですが、なんらかのストレスを感じていることは間違いのないところ。こうした行為はいち早くキャッチして、愛情たっぷりの生活を見直してみてください。

サイン⑧

怖くて吠えるとき、寂しくて吠えるとき

イヌが「吠える」場面はいろいろありますが、この行為は明らかにストレスのサイン。愛犬に照らしてみてください。たとえば、こんなこと。

「まだ子イヌだったころ、散歩途中で会った大型犬に吠えられて以来、同じ種類のイヌが前から歩いてくると吠えるようになってしまって……。ほかのイヌには大丈夫なんですけどね」

小さいころにインプットされたイヤな記憶はなかなか抜けないもの。いわゆる〝トラウマ〟です。

「ボクが怖い思いをしたのは、たしか、あんな形のイヌだった。また吠えられちゃうんじゃないかって、怖いんだよね……」

この記憶を払拭するには、同じ種類のイヌと仲よくなる機会をつくってトラウマを消し去ることが必要ですが、記憶力のいいイヌにはなかなかむずかしいものがありま

す。

主従関係をきりりと確立して、「ご主人がボクを守ってくれる」という関係を築くのが最善策です。

トラウマを引きずった、こんな例がありました。

そのイヌはふだんは従順で、かみついたり吠えたりはしません。ところが、酔った人にはやたらと警戒心を全開にするので困ったと、うちのセンターで面倒を見たことがありました。

聞くと、ふだんはやさしい飼い主が夜に晩酌をして酔うと、とたんに暴力的な対応をしていたらしいのです。それがトラウマとなって、お酒を飲んでいる人、お酒のにおいのする人に接すると、とたんに吠える、かみつくという攻撃的な行動をするようになったということでした。預かったその日、一杯飲んでいた私はさっそくその被害にあいましたからね。

「酔ったご主人にひどい目にあったから、やられる前に防御しなきゃ！」

そのイヌは、きっとそう思っていたに違いありません。だから、吠える、かむという行為に出ていたのでしょう。

トラウマを抱えているイヌに対しては、「お酒」という一現象から解放するのではなく、初歩からの主従関係を築き直す以外にありません。リーダーウォーク、待て、すわれ……など、すべてをゼロに戻す必要がありました。

または、こんな場合。イヌは〝領域意識〟が強く発達していますから、

「ボクが生活するエリアには、だれも入れてやらない！　ヘンなヤツがやってきたらみんなおっぱらってやるんだ！」

そこでワンワンワンと吠えることになります。玄関のチャイムが鳴ったら吠える、家の前につないでおくと吠える……などは、その典型的な例です。

あるいは、こんなケースもあります。家を留守にして帰宅したら吠えるというのがそれ。ドアの鍵を開けていると、中からワンワンと吠えている声が聞こえます。そんな状況のとき、イヌはこんなふうに考えています。

「ボクをひとりぼっちにして出かけちゃって……さ。早く早く、カギを開けて！」

これは前にも紹介した〝分離不安〟によるもの。出かけるときに、思いっきり、「おりこうでお留守番しててね。ひとりぼっちにしちゃうけど、すぐに帰ってくるからね」

“トラウマ”も吠える原因になる

そんな言葉をたっぷり浴びせかけられたイヌは、自分が置き去りにされたと思います。寂しくなるのです。飼い主側からすると、

「ひとりでお留守番をさせるのだからかわいそう。ちゃんとすぐに帰ってくることを伝えておかなくちゃ」

という思いやりなのでしょうが、これが逆効果になってしまっているのです。

分離不安のイヌが、そのストレスを解消しようとしてとる行動はさまざま。グルーミング行動をしたり、家具をかじったりすることもありますが、いわゆる〝ムダ吠え〟といわれる行動のストレス度は最高潮に達しています。

イヌはきっと、家人が留守の間中、吠えているはずです。そして、帰ってきた飼い主に対しては、よりいっそう、抗議の意味も込めてワンワンワンと吠えます。

こうした〝ムダ吠え〟をなくすには、分離不安にさせないことが大切です。だから、お別れのあいさつは絶対にしてはダメ。そして、きちんとハウスのしつけがなされていること（3章）がキーポイントです。

子イヌのころは家の中で飼い、大きくなってから庭先で飼う。これもイヌにとっては大きなストレスの原因になります。

家族みんなと家の中で過ごした環境から一変して、自分だけが外へ出されるのですから、飼い主が「狭い家の中ではかわいそう」という思いやりでしたことでも、イヌにとっては「閉め出し」。当然、ワンワンワンと吠えることになります。

ほかにも〝吠える〟状況はたくさんあります。

決まった時間に散歩に連れて行ってもらえないとワンワン、食事中の家族のそばでワンワン……などなど。要求が満たされないときにストレスを感じて吠えるのは、〝要求は満たされるもの〟が習慣になっているからにほかなりません。習慣はつけない。解決策はこれです。

サイン⑨

本当は喜んでいないしっぽの振り方

「来い！」というとしっぽを振って、うれしそうに近づいてくる愛犬。飼い主には至福のときかもしれませんね。

「このコは、私を頼りにしてくれているんだわ！」

そんなわが子に、ますます愛情がつのることでしょう。

さて、この〝しっぽを振る〟という行為、果たしてうれしいときだけなのでしょうか。

答えは「ノー」です。

イヌはいろいろな〝状況〟でしっぽを振ります。

大型犬、小型犬、あるいは犬種によって、しっぽの振り方には多少の違いがあるようですが、尾を少し持ち上げて左右にスピーディーに振るのはうれしいとき。とてもハッピーな状態です。

ただし、同じ振り方でも、こんな場合はちょっと違います。来客にはいつもしっぽを振って大喜びでお出迎えするんですよ。

「うちのコは、とっても人なつこいんですよ。来客にはいつもしっぽを振って大喜びでお出迎えするんですから……」

出迎えられた来客も、この〝大歓迎〟に、

「まあ、なんていいコでしょ！」

などとほめちぎります。親愛の情を示されてうれしくないはずがありません。ところが、イヌの本音はこんなふうなものなのです。

「ここはボクんちだからね。キミはボクより下位にいなきゃダメだよ！」

相手を敵対視しないまでも、自分のほうが上位にいるということを、イヌはしきりにアピールしているのです。

そのうち、しっぽを振るだけでなく、ドンと飛びついたりもする。これは好かれているのではなく、明らかに支配的な行為なのです。

このときにイヌが感じているストレスは、それほど強いものではありませんが、しっぽが低い位置でゆったりとスローに振られていたら別。攻撃態勢に入っているか、なにかに集中して神経をピリピリさせている証拠です。

喜んではいけないしっぽの振り方

知らない人が家にやってきた、猫が自分の領域に侵入してきた、公園に気に食わないヤツがいる……など、いろいろな状況が考えられます。

オスはオスに対して敵意を抱くケースが多いものです。

群れのリーダーを争う習性が残っているからでしょう。

そんな状況では、しっぽは低くたれ、ゆっくりゆっくりと左右に振られています。

サイン10

耳をかくのは「かゆい」からじゃない

イヌはよく後ろ脚で耳の後ろをかく動作をします。ノミがいたり、皮膚に問題があればかゆみを感じるわけですから、当然、「カイカイ」をします。

「ちゃんとシャンプーもしているし、ブラッシングもしてあげてるのに、ノミがついちゃったのかしら……。今日もシャンプーしてあげるからね」

通常、かくという動作からは、「かゆいのかしら……?」と連想します。それは当然ですし、実際にノミがいたり、皮膚に問題があることがないとはいえません。

でも、この耳の後ろをかくという動作は、実は別の意味も持っているのです。

「あくび」をするのも眠いからではなく、緊張していたり、なんらかのストレスを抱えているときにする動作であることはお話ししましたが、この「かく」という動作もそれと同じ、転位行動のひとつである場合が多いのです。

つまり、「カイカイ」しながらストレスや緊張を解消しようとしているというわけ

かゆくなくてもカイカイ行為

です。

これは案外、見落としがちなストレス行動です。

「ここがかゆいの？　かいてあげるからね～」

飼い主は愛犬を思いやって手をかけたりしますが、実はとんでもない勘違いなのです。

「ありがとう、ボス、といいたいところだけど、違うんだよね。ボクはいま、ちょっと緊張していて、それを解消しようとしていたんだけどなあ……」

イヌに聞いてみると、きっとそんなふうに答えるはずです。

このときにイヌが抱えているストレスは

けっして大きなものではありませんが、「カイカイ」を頻繁にするイヌは、それだけストレスを抱えやすいイヌでもあるといえます。

ストレスを抱えやすいイヌには、ほかの方法でたっぷりの愛情を注いであげましょう。

「散歩に連れていくとか？　一緒に遊んであげるとか？」

いえいえ、そんなことをする必要はありません。十分にタッチング（4章）してやることです。

もちろん基本は、いちばん安心している状況をつくってやること。つまり、主従の関係をきっちり築くことです。

サイン11

何をやっても効果がない「かじりクセ」への特効薬

「出かけて家に帰ってみたら、そこら中のものがボロボロになっていたことがあります。座布団《ざぶとん》やソファまで……」

そんな経験をした飼い主は多いのではないでしょうか。

家具をかじったり、靴やかばんまでも被害にあったという人もいるに違いありません。

「そんなことが一度あったので、予防策として、かじられそうなものに強いにおいをつけたり、かじるとイヤな味がするといった工夫をしてみたことがあります。でも、あまり効果はなかったですね」

「かじる」という行為は、明らかなストレス行動です。ストレスが強ければ強いほど、イヤなにおいを感じようが、イヤな味がしようが、ストレスが勝ちます。いろいろやってみたけれどダメだった、といったケースは実に多いのです。

ストレスを解消する方法は、人間と同じ。その〝大本《おおもと》〟にあるものを取り除かないかぎり、一時的な対処療法では解決しません。

解決しないままにしておくとさらにストレス行動は高じ、吠えついたり、かみついたりといった行動へと移行していってしまいます。

そのストレスとはなにか。多くの場合は〝分離不安〟によるものです。分離不安は飼い主が考えている以上に、イヌにとっては強いストレス。

でも、飼い主がとる行動といえば、

「ダメじゃないの！　こんなにかんでボロボロにして……ホントにもう！」

叱責の言葉は、イヌの心を〝改心〟へ導くものではなく、かえってその行動を扇動するものでしかありません。

以前、かじる行動に困った飼い主から相談を受けたことがあります。そのイヌはまだ若く、順応性の高いイヌでした。飼い主もそれはそれはかわいがっていました。だからこそ、それが相互に依存しあう関係をつくっていたのだと思います。

飼い主は、かわいそうだとは思いながら、家中のものをボロボロにするものだから、ちょっとお仕置きのつもりで家の外に出しました。

いたずらをする本当の原因に気づこう

　そうすると、イヌはさらに分離不安を高じさせて、庭中を駆け回ったり、穴を掘ったり、庭に植わっている花を踏みつぶしたりします。庭で悪さをすれば家の中へ、家の中で悪さをすれば外へ。そんなことの繰り返しだったそうです。
　分離不安を取り除くには、根本的な主従の関係を築く必要があります。結局、あとになって考えると、その場その場の対処で切り抜けようと考えたことがいけなかったと理解できるのですが、その場面では、そこまで思いは至りません。
　ただ、このケースでの飼い主は、イヌに対してとても誠実なつきあい方をしていました。けっして暴力的な対処はしてこなかったので、かじり放題だったイヌの〝改心〟はとてもスムーズでした。その方法は、数分の「ホールドスチール」（4章）だけ。

きちんと主従の関係ができれば、あとはすべての問題は解決してしまいます。

分離不安を起こさないように、出かけるときは「お留守番をしててね」などの言葉はかけない、食事は飼い主が終わったあとに与える、オモチャでいっしょに遊ばない……などを徹底してもらいました。

習性として群れで行動してきたイヌにとって、〝ひとりぼっち〟は本当はとてもつらいことです。

だから、その不安や不安から生じるストレスを感じ、それを解消しようと、さまざまな困った行動をします。でも、人間といっしょに暮らす以上、そういった場面を避けることはできません。

「ひとりにするときは、声をかけなきゃかわいそう……」

「いっしょに遊んであげなきゃ、かわいそう……」

こういった飼い主の思いやりが、かえって〝あだ〟になることをしっかり認識しましょう。

サイン⑫

なぜかトイレが近くなる不思議

緊張するとトイレが近くなるということは、私たちにもよくあること。イヌもまったく同じです。尿の回数が増えた場合は、なんらかの緊張、ストレスを感じていると考えていいでしょう。

ただ、人間の場合でも、緊張してトイレに行きたくなるメカニズムははっきりとはわかっていません。おそらくは、からだの機能を司《つかさど》っている自律神経になんらかの反応が起こって、トイレに行きたくなるという現象が起こるのではないかと考えられていますから、イヌの場合も、それと似たような反応なのではないか、ということです。

競技大会では、よく〝頻尿《ひんにょう》〟といったことが起こります。大会会場は独特の雰囲気です。我こそはと出場してくる強者たちが一堂に会するわけですから、飼い主もイヌもかなり緊張しています。それが排尿という行為につながっていると思われます。ただ、この状況はイヌが緊張しているというよりも、飼い主の緊張がイヌに伝わっているといったほうが適切かもしれません。

緊張すると、血液の流れ方が変わったり、熱を発したり、汗がじとっと出たりと、飼い主には微妙な変化が表れます。そんな変化がイヌに伝わっているということもいえます。いつもの飼い主の〝におい〟が違う発し方をしていて、それをキャッチしたイヌが緊張するという構図です。

「今日のご主人は、いつもとはなんか違うなあ〜。ボクも緊張しちゃうよ」

といったふうに感じているのです。頻尿があれば、緊張していたり、ストレスを感じているのではないか、ということを原因として探る必要があります。また、緊張が高じると排便するイヌもいます。ふだんの生活の中では、緊張によって排便をすることはめったにありませんが、便がゆるくなるという傾向はあります。

ストレスをたくさん抱え、長くつづくときは、いずれ、なんらかの身体的な変調となって表れてくるのは必至。下痢《げり》をしたり、さらには血尿が出たり、血便が出たり。もちろん、病気になるのはほかの要因も考えられますが、ストレスも要因のひとつであることを忘れないでほしいと思います。

カリスマ訓練士のワンポイントアドバイス❷

イヌが喜んで覚える「オスワリ」「フセ」

エッ なにになに？
犬の鼻先にエサを持っていく
鼻先から後頭部へ
スワレ
犬が食べようとしてすわったら声をかける
フセ
この姿勢をとるとごほうびがもらえるゾ
エサ
イスやベンチを利用して低い姿勢をとらせる

3

“飼い方”ひとつで
イヌの気持ちはガラリと変わる

警戒吠えは「ハウスの位置」が原因だった

イヌを取り巻く環境もストレスに深く関わっています。庭つき一戸建ての家などでは、愛犬を外で飼うケースが少なくないと思います。さて、ハウスはどこに置いているでしょう。

「そりゃあ、玄関先だよ。外から見えるところにイヌがいれば、怪しい人も入ってこれないし、このセキュリティ効果は大きい」

外でイヌを飼うのだから、〝番犬〟の役割も果たしてもらおうというわけですが、玄関先はイヌにとって居心地のいいスペースといえるでしょうか。

玄関先というスペースの特徴を考えれば答えは明らかです。新聞や郵便を配達する人、宅配便などを届ける人、戸別訪問でセールスをする人など、イヌにとって見知らぬ人がいつ訪れるかわからないのが玄関先です。

それだけではありません。門から玄関先まで距離があればまだしも、門からすぐ玄関先というつくりの場合、つねに通行人の気配がすることになります。イヌは人の気配に敏感です。これではハウスに入っていても、落ち着いていることなどできません。

「だれか来たぞ！」「また、よそ者の気配がする！」「今度はいったい、だれ⁉」

イヌは四六時中、耳をそばだてて身構えていなければなりません。そして、よそ者が近づいてくれば吠えたてることになります。

「だから番犬になるんじゃないか。知らない人が来たら吠えるから、うちのイヌは賢い」

家族とよそ者を見分けるイヌの賢さに大満足という飼い主がいるかもしれませんが、イヌは自分がセキュリティ・チェックをする立場であることを自覚して吠えているわけではありません。わが領域を侵そうとする侵犯者の存在を必死で排除しようとしているのです。

周囲を見回しても飼い主の姿はありません。

「ここはなんとしても、自分だけでこいつを追っぱらわなくちゃ」

領域の最前線にいて、イヌはたったひとり（1頭）の戦いを強いられているのです。

これではストレスがたまらないほうが不思議だと思いませんか？　前章でお話しした

数々のストレス行動が表れるようになるのは必然です。

もし、エサを与えて、散歩をさせて、というだけで、あとはほったらかしの飼い方をしているということなら、一度、イヌをよく観察してみることをおすすめします。グルーミング行動で足やおなかの毛が抜けていませんか？

「あれっ、おなかのところ毛が全然なくなっちゃってるよ！」

気づかないうちに、ストレスによる精神的なダメージでイヌに異変が起きているということだって、けっして珍しいことではないのです。それをいち早く発見してあげることができるのは、飼い主以外にいません。

もう、玄関先がイヌにとって居心地がよい場所でないことはわかっていただけたと思います。イヌを置く場所としてもっとも好ましくないのが玄関先なのです。

「でも、ほかに置けるスペースもないしなぁ」

日本の住宅事情からすれば、玄関先にしかスペースがないという場合もあるでしょう。しかし、工夫はできるのでは？　周囲の音を遮断するのはムリにしても、衝立《ついたて》のようなもので、できるだけ周囲からの視線を遮《さえぎ》るようにするといったことは可能なのではないでしょうか。

玄関先は侵入者の気配でいっぱい

庭につながれているイヌの言い分

こんな飼い方をしている飼い主がいます。庭にワイヤーを長く張り、そのワイヤーにイヌをつなぐ。飼い主の言い分はこうです。

「ワイヤーの範囲はイヌが自由に動き回れるんだから、杭《くい》などにつなぎっぱなしとはわけが違う。イヌだって自由を謳歌《おうか》できているはず」

もっともな理屈のようですが、動ける範囲が広いか狭いかだけの違いでしかありません。

つながれっぱなしのイヌも、ワイヤーで少しばかり動きの自由が与えられているイヌも、もし侵入者が攻撃を仕掛けてきたら、逃げる方法はないのです。後者だって、ワイヤーの範囲内に〝つながれて〟いるわけですから……。

イヌがとるべき行動は、どちらも同じです。侵入されないように吠えたてて相手を威嚇《いかく》する。ほかに方法がありますか？

いつもいつも侵入者の影に怯《おび》え、威嚇しなければならないイヌの気持ちになってみてください。

周囲に対しては過敏にならざるを得ないし、威嚇が功を奏さなければ逃げ場はもうない。これはものすごいストレスです。〝自由の謳歌〟どころか、針の筵《むしろ》に置かれているようなものだといっても過言ではありません。

「だけど、イヌはつないで飼わなければいけないって決まっているんでしょ?」

たしかに繋留《けいりゅう》義務はあります。条例でそれを定めている都道府県もあります。だからでしょう。

以前、東北地方のある県で講習会を開いた際、講習後のアンケートでクレームをつけられたことがありました。私が「イヌはつないで飼ってはいけない」といったことについて、

「藤井は繋留義務があることも知らないのか。つないじゃいけないとはなにごとだ!」

ときたわけです。

しかし、これは的外れ。〝繋留〟という字から、「つながなければいけない」と受け取るのもしかたなしですが、これが意味するところは、「放し飼いにしてはいけない」

ということなのです。

言葉を換えれば、飼い主がイヌをきちんと管理すべし、ということ。つなぐ、つながない、の問題ではありません。

「そうはいっても、つながないで、だれかに飛びかかったり、かみついたりでもしたらおおごとになるじゃない」

当然の心配ですが、飼い主が管理をすれば、そんな事故は１００パーセント防ぐことができます。

どんな方法で？　ワイヤーを張る程度のスペースがあれば、囲いをつくって、そこにイヌを入れておくこともできるのではないでしょうか。囲いの中にいれば、よそ者に飛びかかることもかみつくこともありません。

イヌにとっても、囲いはストレスを取り除く〝魔法の壁〟になります。たとえ侵入者が登場しても、囲いの中には入ってこられないわけですから、そこは安全なゾーンです。威嚇しなくても、自分の身が危険にさらされることがないとわかれば、やたらに吠えたてることもなくなります。

できれば、周囲が見えない目隠しの囲いが望ましいとはいえますが、金網や柵《さく》など

つながれていることは“逃げ場”がないこと

自由に遊べていいだろ
襲われたら逃げられるのはここまでか
囲いは安心感を与えてくれる
よかった誰も入ってこれない
金網や柵、目隠しのものなら、さらに良い

見えるものでも、〝侵入者と確実に一線を画している〟ことで、イヌには安心感が生まれ、かかるストレスは格段に違ってきます。

囲いのスペースは狭くてもなんら問題はありません。

イヌにストレスをかけない基本の条件は、自分の領域が侵されないこと、そこにいれば絶対に安心・安全が確保されること、です。

いつ侵入者に侵されるかもしれず、さらには逃げ場がなく、安全は確保されない「つながれた飼われ方」は、どちらの条件も満たしていません。つながれたイヌは、

「どうして、わざわざストレスをかけようとするの!?」

と嘆いています。即刻、嘆きに耳を傾け、ストレスのない環境づくりに取りかかりましょう。

自由な放し飼いで、かえって孤独になる

イヌは活動的な動物です。飼い主ももちろん、そのことは重々承知していますから、広い活動スペースを与えてあげたい、と考えます。

庭やベランダで放し飼いをする飼い主が多いのは理由のないことではないようです。よもや、それがストレスを感じさせることになっているとはつゆとも知らないで……。

愛犬が放し飼いにされるプロセスは、だいたい似ています。ペットショップやブリーダーのところから生後間もない子イヌを買ってくる。子イヌの愛らしさ、かわいらしさは飼い主の目を細めさせずにはいません。

「ほらほら、指先なめてるよ。かっわいいなぁ！」

一日中見ていても飽きないし、さわった感触も最高。飼い主のほうが離れがたい気持ちになります。もちろん、庭やベランダに出すことなど考えもしません。

ところが、からだが大きくなってくると、部屋が狭いという現実がヒシヒシと迫っ

てきます。

「そろそろ庭（ベランダ）に出そうか。こいつも狭苦しい部屋の中より、外のほうがいっぱい動けるだろうし……」

これが放し飼いにされる通常の流れです。

飼い主は活動的なイヌを活動できるスペースに移してあげる好意的な意図で外に出すわけですが、突然の環境の変化はイヌを戸惑わせます。

「なんでなんで？　ボクはみんなと一緒のところで暮らすんじゃなかったの？　だって、いままでずっとそうしてきたじゃない」

自分のからだが大きくなったから、家族にとって部屋が狭くなり、庭が生活の場になった、などということを理解しろというのはイヌには酷です。

部屋から外に追いやられた、環境が急に変わった、ということしかイヌにはわかりません。

しかも、庭やベランダからガラス戸ひとつ隔てたリビングでは家族がくつろいでいる。その光景は、イヌにストレスを与えるに十分です。

「中に入れてよぉ～！　どうしてボクだけ、こんなところにいなきゃいけないの？」

ストレスをもたらすのは、いうまでもなく、仲間外れにされた孤独感。そのために吠えたり、むやみに動き回ったりしている姿を見て、

「やっぱりね。庭のほうがいいんだよ。あんなに元気にしてるもん」

などと納得しているのだから、飼い主は勝手なものです。そうするうちにも、グルーミング行動や自咬《じこう》行動、あるいは庭を掘り返したり、植木を引っくり返したり、といった問題行動が起きてきます。

しかし、イヌに罪はありません。すべては、子イヌの時期には必要以上にべったりと接し、大きくなったら外に出すという飼い方が引き起こしているのです。

庭やベランダはそれまで体験しなかった、雑音やよそ者の気配にあふれていますからストレスは高じるばかり。問題行動も出やすくなります。

「でも、うちのはゴールデンだから。チワワやミニチュアダックスなら〝共存〟もできるけれど、成犬のゴールデンじゃあ、部屋の中はきびしい」

部屋で放し飼いにしようとすればそうでしょう。しかし、放し飼いにしなければならない必然性はいったいどこにあるのでしょう。どこにもありません。

ハウスをひとつ置いて、中に入れておけば、それで万事解決。成犬のゴールデンで

も、広いハウスである必要はありませんから、リビングの片隅、廊下、玄関のたたき……など、どこにだって置けます。

「思いっきり活動させなきゃ」

と考えるなら、適当な時間に庭に出して遊ばせてやればいいのです。遊ぶという特別な時間だけ庭に出されて、ふだんの生活の場はいままでどおり部屋の中であれば、イヌがストレスを感じることもありません。

機会があるたびにいっているのですが、イヌの問題行動の原因をたどれば、行きつくのは放し飼いです。

にもかかわらず、依然として、放し飼いこそイヌが自由で幸福を感じる飼い方だと信じて疑わない飼い主がいるのはどうしてなのでしょう。この部分の意識変革が徹底すれば、イヌとの暮らしは、画期的に楽しく、ラクなものになるのに……。

一見、便利な〝トイレつきハウス〟の大問題

室内でイヌを飼っているケースでは、大きめのハウスを用意して、中にトイレを置いている家がかなりあるのではないでしょうか。

「わが家はそうだけど、ペットショップで子イヌを買ったとき、ケージの中にトイレとベッドを入れるようにアドバイスされたから……」

〝専門家〟のアドバイスにしたがった結果、トイレつきのハウスができあがる。実際、そうした例は多いようです。

ペットショップにしてみれば、ケージとトイレ、ベッドの3点セットで〝ご購入〟ということになれば、ビジネスとしてはおいしい。しかし、飼い主はそれで苦労をしょい込むことになるのです。

ハウスにトイレを置くのは、イヌの習性を無視した飼い方の典型です。

野生であったころのイヌは横穴の巣をつくって暮らしていました。もちろん、その

巣（ハウス）の中に排尿・排便用のスペース（トイレ）などはありません。

尿意・便意をもよおすと、イヌはできるだけ巣から離れたところで用を足します。尿や便で巣の中を汚さないためであることはもちろん、そのにおいを嗅ぎつけた敵に巣の在り処を悟られないためです。

巣と排尿・排便の場所は切り離す。それがイヌの本能に根ざした習性なのです。その習性をまったく無視する形でハウス内にトイレを置いたら、イヌにストレスがかかるのは当然です。

「寝場所は汚したくないよぉ」

と考えているのに、それができない。ジレンマはストレスの大きな原因です。

そこでどんなことが起きると思いますか？　ハウスのトイレでは排尿・排便をせず、ハウスから出したときにあたりかまわずしてしまう。トイレではしたものの、汚したくないから便を食べてしまう。そんな結果になる可能性が高いのです。

人間なら、バストイレつきのワンルームマンションのほうが、バスなし、トイレも部屋の外の共同、というアパートより、快適で住み心地がいいのはいうまでもありませんが、イヌにとって、トイレつきハウスは敬遠したい住環境だということは知って

「ハウスにトイレ」はイヌがイヤがることだった

おきましょう。

イヌを飼っているのが広い部屋でなくても、ハウスとトイレを離すことはできるはずです。ハウスはリビングに、トイレはバスルームの入口あたりに、ということでもいいし、同じ部屋の隅同士にハウスとトイレを置いたっていい。

「ここは寝る場所」

「ここは排尿・排便をする場所」

という区別をしてやれば、ストレスのタネは取り除かれます。

賢いのに　ハウスに入ろうとしない理由

イヌのハウスはバリエーションが豊富です。色や素材、形などいろいろなものがあります。さて、あなたの愛犬のハウスはどんなタイプでしょう。

「庭で飼っているのだけれど、ハウスは屋根がついていて、入口はドアがなくてフリーになっているタイプね」

これが多数派かもしれません。三角屋根や平屋根で雨風がしのげるようになったハウスを置いて、その前に杭を打って、イヌをつないでいる。ドアがないから、イヌはいつでもハウスに入れるし、外に出たければ、それも自由。こんな飼い主の配慮からだと思います。

では、愛犬はそのハウスを存分に活用していますか？　なぜ、こんな質問をするかといえば、せっかく用意したハウスに入らないイヌがけっこういるからです。こんな声が聞こえます。

「うちのイヌったら、雨が降っても、雪が降ってもハウスに入ろうとしないのよ。立派なハウスなのに、頭悪いんじゃないかな？」

立派か立派でないかは飼い主の判断で、イヌにそれを求めるのはムリというものですが、それはともかく、ハウスに入らないのは、頭が悪いからではありません。本能的にハウスに入ることに抵抗があるのです。

ドアがないことが理由かもしれません。

「これじゃあ、中にいたって、いつだれが入ってくるかしれやしない。来られたら逃げ場もないし、ここじゃ安心して休んでいられないよ。やっぱり外のほうが安全だな」

イヌの本能が、ドアのないハウスは〝危険〟だと教えていれば、入らないのは正しい選択ということになります。

実際、自由に出入りできるということは、外敵の侵入もやすやすと許すということ。本能が危険を嗅ぎ取るのは自然ともいえます。

ドアなしハウスを与えられた、危険と背中合わせの環境。それがストレスにならないはずはありません。

外に置くハウスも、ドアがあるタイプでないと、イヌは安心して中にいることはできないのです。

「いまさらドアがあるタイプに変えたら、よけい入らなくなるんじゃないの？」

もちろん、ドアがあるハウスを用意すれば、イヌが自分から入るかといえば、なかなかそうはいきません。

ハウスに入ることに慣れさせ、ドアを閉めても、出たがって「ガリガリ」しないようにしていく必要があります。方法を教えましょう。

エサを入れた食器をハウスの中に入れてドアを閉めます。イヌはエサを食べたいわけですから、外からドアをガリガリやって、ハウスの中に入ろうとします。そこでドアを開ければ、イヌはハウスの中に入って「ムシャムシャ」。そこでドアを閉めます。何回かこれをつづけると、ハウスに入ることに抵抗はなくなっていきます。

ここでイヌの気持ちになってみましょう。ハウスはイヌにとって、どのようなスペースと映っているでしょう。おそらくはこういうことです。

「ここに入ると、いつもエサにありつけるぞ。けっこう気に入ったかもしれない」

こうなったら、エサを食べ終わっても、ハウスから出ずにそこで落ち着いているようになります。

イヌがすすんでハウスに入るようになる方法

もうひとつの方法は、ハウスにエサを放り込んでイヌを誘うもの。エサに誘われて、イヌはハウスの中に入ります。しかし、食べ終わったら回れ右をして出てこようとします。

「そこでドアを閉めるわけだ」

それではイヌを騙すことになります。イヌに猜疑心《さいぎしん》を抱かせることは、どんな場合でもマイナスにしかなりません。いつも誠実に接してこそ、イヌとの信頼関係が築かれるのです。誠意ある対応とはこうです。

イヌが回れ右をしてハウスから出ようとしたら、ハウス入口の内側にエサを置きます。食べたらまた置く。つまり、ハウスの中にいれば自動的にエサが眼の前に置かれる状況をつくるわけです。そして、

「こりゃあ、中に入っていたほうがいいな。エサがどんどん出てくるんだもん」

イヌがそう理解し、出たくなったところで、ドアを閉めます。最初は出たがることがあるかもしれませんが、イヌの順応性は高いので、すぐに慣れます。

どちらの方法も、最初はなにもいわず、黙って行うのが鉄則。何度か繰り返してから、エサをハウス内に入れるときに「ハウス」と声をかけます。

これをつづけていると、エサを使わなくても、「ハウス」の声だけで、イヌはハウスに入るようになるのです。

私のところでも、ハウスとは無縁で気ままに飼われていたイヌを預かることがあります。

ケージに入れると、いつもとはまったく勝手が違うわけですから、それだけでものすごいストレスがかかります。

また、飼い主から離されて分離不安も感じています。だから、一晩は大騒ぎすることになります。

しかし、吠えるのは、預かったその晩だけ。二日目からは吠えることはありません。ケージの中にいればだれも入ってこないし、そこが安心していられる最高の場所だということをすぐに理解するのです。

もう一度いいますが、イヌの順応性はそれほど高いのです。ドアのあるハウスに慣れるのに、それほど時間はかかりません。

「いちばん日当たりのいい場所で飼う」危険

人間の住環境では、〝日当たりのよさ〟が重要なポイントです。

一日中、日が差さないような部屋では気分も滅入《めい》るし、ストレスもたまります。また、衛生上の問題も起こるかもしれません。

だからでしょうか、愛犬のハウスを日当たり良好な場所に置いているケースが少なくないようです。

寒い冬の時期の日だまりはイヌにとっても歓迎すべきものだと思いますが、いわゆる日当たりのよさはイヌには苦手なのです。

太陽の光に当たる必要があるのは子イヌの間だけだと考えてください。

子イヌが成長する時期には、ある程度、日に当たることが大切ですが、成犬になったら、もうその必要はなし。むしろ、風通しのいい日陰のほうがイヌにとっては快適なのです。

日当たりのいい場所はイヌにとってはつらいもの

イヌは暑さには、どちらかといえば弱いのです。

夏場に日当たりのいいハウスにつないでおいたりすると、強烈な直射日光を浴びて熱中症を起こして死んでしまうことだってあります。

そこまでいかなくても、日光にさらされることがストレスの原因になることは十分に考えられます。日当たりを避けるために庭に穴を掘って、ひんやりした土中でからだを休めるイヌもいるほどです。

「そういわれても、ハウスを置く場所が日当たりのいいところしかないんだけれど……」

そんなケースでも、日当たり防止策はな

にか講じられるはず。暑い時期には日除けシートをハウスにかけるだけでも体感温度はグッと下がります。

あるいは、日除《ひよ》けシートの下にカゴを置いて、そこをハウスにするのも手です。100円ショップに行けば、風通しのよさそうなカゴがいくらでもあります。

特に暑さが厳しい日は、保冷剤を活用するのもいいでしょう。

冷蔵庫で保冷剤を適度に冷やし、かじったりしないように、タオルを巻いてハウスの中に入れます。これでハウス内の温度はかなり下がりますから、うだるような暑さからは解放されます。

室内で飼っている場合は、〝カゴハウス〟を風通しのいい位置に移動しましょう。カゴの底に使い古しのタオルを敷いておけば、周囲に毛が飛び散るのも防げます。

暑さは自然現象だからしかたがない、と考えがちですが、イヌは自然現象からだってストレスを受け体力を消耗します。

グタ～ッとしている様子が見受けられたら、ひんやり作戦開始のときです。

飼い主がイライラすると、イヌも神経質に育つ

イヌがストレスを感じる原因のひとつに、飼い主の〝性格〟もあるような気がします。

いつもいつもピリピリと神経を尖《とが》らせていて、なにかにつけてイライラする神経質なタイプです。イヌは飼い主の心の動きにとても敏感ですから、緊張感や苛立《いらだ》ちが伝わるわけです。

それが顕著に表れるのが競技会。ハンドラーが緊張すると、血液の流れに変化が起こり、皮膚から出るにおいが変わるのです。それをイヌは鋭くキャッチします。

「なんか、今日はいつもと違うぞ。変だな。なにかイヤな感じだな」

そうなるとストレスがかかり、イヌは落ち着いていられなくなります。あくびをしたり、地面のにおいをかいだりするのは、平常心でいられなくなった証拠です。その結果、ふだんは難なくこなしている種目を失敗することになったりします。

もちろん、競技会を目指して訓練を重ねているイヌとペットのイヌとは違いますが、ふつうの暮らしの中でも、飼い主の気持ちのあり方しだいで、イヌがストレスを感じたり、リラックスしていられたりするのは同じです。

「でも、神経質なのは持って生まれた性格。そう簡単に変えられやしない」

たしかにそのとおりです。しかし、イライラや緊張感をイヌに感染させてストレスをかけるのを避けることはできるのではないでしょうか。

苛立ってるなと思ったときは、イヌをハウスから出して接触したりしないことです。気分が落ち込んでいると感じたら、イヌをハウスにしまう。そんなことも有効な感染防止策になります。もちろん、イライラをイヌにぶつけるなどは論外です。

「なんか今日は気分がカサカサしてるな。ハウスから出す前に、音楽でも聴いて気分を落ち着かせよう」

そう、その調子！　いま、自分がどんな気持ちの状態にあるかをチェックし、いつもゆったりした気持ちでイヌと向き合う。それも、ストレスを感じさせない環境づくりの大切なポイントなのです。

カリスマ訓練士のワンポイントアドバイス❸

「マテ」「コイ」が楽しみながら身につくワザ

エサをみせながら
2〜3歩さがる
犬が動こうとしたらエサ
スワレの姿勢
これをくり返すうち
ジッとしてるとエサがもらえるゾ
マテ
はなれる瞬間に言葉かけ
← 距離をのばしていく
「マテ」ができたら「コイ」へ
コイ
と呼びかけながらエサで誘導
はじめはツナヒモをつけて

4

「一緒にいてほっとする関係」をその場でつくる裏ワザ

吠え声がピタリとやむ音楽の効用

こんなイヌがいました。よく吠えるイヌで、玄関のチャイムが鳴るとワンワン、散歩途中でもワンワン。

「やっぱり、育て方が悪かったのか……⁉」

そう悩む飼い主もストレスを感じることは多いでしょうが、実はイヌのほうがずっとストレスを抱えています。このことは再三お話ししてきました。自分のテリトリーに侵入してくるよそ者には権勢本能を全開にして立ち向かいます。それが吠えることにつながっているのですから、安心していられるヒマもないというわけです。

ところが、ある日のこと、玄関のチャイムが鳴っても、イヌはワンとも吠えない。

「おお、やっと改心してくれたのか……！　でも、なぜ？」

このときに、いつもと変わったことといえば、「音楽を流していたことくらいだったなあ……」というわけで、飼い主はこの日から、そのときに流していた音楽、ヴィヴァルディの「四季」を、ことあるごとにかけてみたそうです。

「それ以降は、玄関のチャイムが鳴っても吠えなくなった。ストレスがなくなったせいか、イヌの顔つきも、なんだかやわらいできたように感じるが……」

ヴィヴァルディの「四季」がよかったのか、クラシックがよかったのか、音楽そのものがイヌのストレスを解消したのか、科学的な根拠は探れませんが、とにかく、そのイヌにとっては、心癒す〝音〟であったことはたしかです。

よく、ピアノを弾くと、それに合わせて歌うイヌがいるといったことを聞きます。ピアノに限らず、ある特定の音に反応するという現象はたまにありますが、これはイヌの習性に起因したものです。

かつては狩りに出かけた狼たちは互いを呼びあうために〝遠吠え〟を交わしていました。人間には少々悲しげに聞こえるイヌの遠吠え。これは仲間を呼び合うイヌ同士の交信のようなものです。音に反応して〝歌う〟のは、おそらく、その音が呼びあうサインとしてイヌの耳に届いているからでしょう。

ただし、ヴィヴァルディの「四季」を聴いたイヌの気持ちがやわらいだ音は、それとは少し違います。おそらく、飼い主がその音楽を聴いてゆったりとした気持ちになったり、そうした時間を〝いっしょに〟過ごしていたのではないでしょうか。

イヌは飼い主の気持ちに敏感です。ストレスを感じている飼い主からは、イヌもストレスを受け、気持ちいい、リラックスした状態であれば、同じようにその影響を受けるもの。嗅覚の発達したイヌは、飼い主の体温から発するにおいの違いを感じ取っています。

「いっしょに暮らしていれば、それくらいは、わかるものさ！」

というぐあいです。こうした日々の環境が〝条件づけ〟となり、ヴィヴァルディの「四季」が流れるとリラックスするようになるというわけです。

「ああ、この曲を聴くと、ストレスが解消されるぅ……」

一度条件づけされると、イヌは賢い動物。飼い主が一緒にいなくても、その曲を聴くと、イヌの頭の中では、いっしょにいた状態が再現されます。この条件づけを日々の暮らしに応用するとしたら、これ。

「お留守番をさせるときに、音楽をかけるんでしょ!?」

そのとおりです。群れで過ごす習性を持つイヌは、ひとりぼっちがあまり得意ではありません。家族が誰もいない家でひとりで留守番するのはつらい。分離不安で、吠

音楽を使って留守番上手にする方法

ヴィヴァルディはいいなァ
この音楽って
なんか心地いいナァ
飼い主がリラックスするものは
犬もリラックス
この条件づけを利用して
留守にする時も同じ曲を流す

えたり、かじったり……ということになります。

「ひとりでお留守番させてごめんね〜。すぐに帰ってくるからね」

と、目いっぱいお別れのあいさつをされようものなら、分離不安は頂点です。出かける時間になる少し前からその曲をかけ、落ち着いている様子が見られたら、そっと出かける。その物音で出かけることに気づいても、

「あっ、出かけるんだ。でも、いいよ、この曲を聴いて待ってるからね〜」

と、イヌは騒がず、おっとり対応できるはず。あるいは、タイマーをかけておいて、ある程度の時間になったら、その曲を流すこともできます。

音楽はなんでもOK。飼い主が好きなものなら、演歌でも、ポップスでもいいと思います。ただし、できるなら、静かな曲がベストかも。

車での移動が苦手なイヌにも、この方法は応用できます。一度、車で酔ってしまったイヌは、それがトラウマとなってしまい、車に乗ると、とたんにしょんぼり。そんなとき、いつも聴いている音楽をかけてみてはいかがでしょうか。

ただし、「車に乗ったら気持ちが悪くなった」と、トラウマとなってしまった記憶は容易には消し去ることができませんから、時間がかかるとは思いますが……。

リラックスさせるアロマ、集中力を高めるアロマ

最近、ペットショップでは、さかんに「アロマテラピー」が行われるようになってきました。

癒し効果で私たちの生活の中にも登場してくる「アロマ」が、ストレスを抱えるイヌの〝癒し〟にも応用されたものです。

「アロマ」は植物から採った精製油（エッセンシャルオイル）ですから、そのもの自体は副作用のあるものではありません。

私たちが花の香りを嗅いで、「ああ、いいにおいだなあ～」と、ゆったりした気分に浸れるのと同じ作用が、イヌにもあると考えていいと思います。

「うちのコは、散歩の途中で花のにおいをかいでは、うっとりしてる……」

そんなイヌもいるくらいです。

アロマランプで部屋に香りを漂わせたり、オイルでマッサージするという方法で、

イヌの特性や状態に応じて効果を発揮するアロマはいろいろあります。

「でも、イヌは嗅覚が発達しているから、強いにおいはよくないのでは？」

もちろん、人間が使うのと同じ分量では、イヌにはにおいも刺激も強すぎます。人間の場合は1～1・5パーセントに薄めて使いますが、イヌの場合はさらに薄くして、0・1～0・25パーセント程度が基本です。

使い方の注意点でもっとも基本的なことは、イヌがそのにおいを好きかどうかということ。

「さあ、このにおいを嗅ぐと、気持ちが落ち着いてきて、ワンワン吠えなくなるんだよ」

「ウソだい！　ボク、このにおい、きらいだ！　ワンワンワンッ」

よかれと思う飼い主の親心も、イヌにとっては迷惑千万ということもあります。イヤなにおい、きらいなにおいを嗅がされたのでは、逆にストレスはグングン高まるばかりです。使うときは必ず〝お試し〟してからにしましょう。

薄めたアロマを鼻先に近づけて、イヤがる素振りはないか、興味を示しているかどうかをチェックしましょう。

実際にアロマをどう使うかは、わが家流があっていいと思います。

「わが家では、毎日、夕方になるとアロマを焚《た》いていますが、その時間になるとうちのコ、きちんとすわって待っているんですよ」

飼い主と一緒の癒しの時間。イヌはその時間をとてもうれしく思い、幸せと感じているのでしょう。ハウスに敷くタオルにほんの少しオイルをしみ込ませておくのもいい方法ではないかと思います。また、ちょっと困ったストレス犬には、もう少し積極的な使い方もできるでしょう。

たとえば、権勢本能が強くて、玄関のチャイムが鳴るたびに吠えたり、散歩の時間になるとそわそわしだすイヌなどには、その時間がくる前にアロマを焚いて気持ちを落ち着かせるのです。

「いいにおいがしてきたなあ〜。なんだか気持ちが落ち着く……。だれか来たの？　まっ、いいか。いらっしゃ〜い……」

そんな効果が出てきたら、飼い主もイヌもハッピーです。そこで、

「集中力を高めるアロマを使って、〝マテ〟や〝フセ〟などのしつけをするのもいいのかしら？」

そう考える飼い主もいるかもしれません。でも、しつけはあくまで飼い主とイヌとの間で絆《きずな》を深めてこそ、〝いい関係〟を築くことができるものです。自らの意思で飼い主の声がけやサインを理解させていくのがベスト。つまり、しつけ＝いい香り、という条件づけをしないほうがいいということです。

「ふだんの生活の中に、自然に取り入れていけばいいということ？」

そうです。うちのセンターの事務所には、チワワとポメラニアンのハーフのポチ君と、トイプードルのププというイヌがいます。

きちんとしたしつけはされているのですが、それでも人の出入りが激しいために、知らない人が来るとさすがに落ち着かない様子でしたが、ときどきアロマを焚くようになってからは、人の出入りにもおっとりとした対応ができるようになっています。

これは明らかにアロマの効果です。ちなみに、焚いているアロマは、ユーカリやジャスミンをヌートレという薄め液でブレンドしたものです。

「タッチング」をするときに、アロマを使うという方法もあります。飼い主とイヌの絆を深めるタッチング＋アロマ＝遊びながらいい気持ち、というわけです。

背中からはじめて、肩から脚、おなかへ。気分を落ち着かせるアロマを選べば、タ

吠えグセがピタリとやむアロマテラピー

まあ いつもなら チャイムに 吠えるのに
ピンポ〜ン
ウ〜〜ン いい香り 落ち着くなァ
うすめたアロマオイルを使う
ハウスやタッチングにも応用して
下にしくタオルに しみこませて
手のひらにつけて マッサージを

ッチングの喜びも倍増するはずです。

「どんなアロマが、どんな状態のイヌに効果的なの……？」

アロマの効用は、それぞれの植物が持つ特性ですから、基本的な作用は人間にもイヌにも同じだと思われますが、私がいま採用しているのは、眠るときの「ビャクダン」。ときどき寝室で焚くことがありますが、イヌばかりでなく、私もよく眠れる……。

「飼い主にとって効用のある香りは、イヌにとってもいいということ？」

これまで多くの飼い主とイヌを見てきましたが、両者は鏡のような存在であるケースが多いものです。

たとえば、少し神経質な人なら、一緒に過ごすイヌもちょっと神経質だったりするし、おっとりした人には、のんびりした感情を持つイヌというぐあい。まず手始めは、飼い主が気持ちのいい香りと感じるものから試してみるのもいいでしょう。

ちなみに、入浴剤や石けんなどにも配合されて馴染み深いラベンダーは、アロマの代表格。応用範囲の広いオイルです。

気持ちを穏やかにしたり、イライラした気持ちを鎮めたり、緊張を解きほぐす効用がありますから、落ち着きがなく、興奮しやすいイヌ、ムダ吠えが多いイヌには適しています。興奮を鎮めるという意味では、子イヌをお産するときにもラベンダーの香りがいいようです。

柑橘《かんきつ》系の香りにも気持ちを鎮める効用があります。

レモンやオレンジなどの香りがそれ。神経質で緊張しやすく、ちょっと臆病で、シャイなイヌには、気持ちを明るくする効用があり、ミント系の香りには、疲れを癒す効用、集中力を高める効用があります。

イヌにはそれぞれ個性があります。イヌと一緒に〝最適なアロマ〟を見つけるよう、いろいろ試してみてはいかがでしょうか。ただし、イヌの目に入らないように、鼻に直接つけたりしないように注意しましょう。

〝背線マッサージ〟でかんたんリラックス

コロンと引っくり返っておなか丸出し。耳や手足、おなかや鼠径部をさわられても、気持ちよさそうに目を細めているわがコの姿は、なんともいとおしいものです。

「いつもこんなふうに遊んでくれたらうれしいな〜」

と、イヌも大満足のはずです。

さて、こんなふうにタッチングされて大満足のイヌを、さらにリラックスさせる〝部位〟があること、ご存じでしょうか。

そこをさわると、興奮したり、恐怖を感じたり、警戒する気持ちが落ち着き、リラックスできるといわれている部位。それがイヌの背中です。

イヌの背中の背線《はいせん》には、自律神経が走っています。

自律神経には相反する作用をする交感神経と副交感神経があることはご存じだと思いますが、昼間は活動的に動く交感神経、眠るときはからだを休める副交感神経とい

飼い主との絆を深める背線マッサージ

なんて
良いきもちなの
御主人さま大好き
①下から上へ 爪をたてて、かきあげる。
②仕上げは 上から下へ

ったぐあいに、交互にはたらいて神経系統はバランスをとっているのです。

強い恐怖に駆られたり、警戒心を強めているとき、イヌは毛を逆立てます。このときはたらいているのは交感神経です。一定の緊張状態がつづくと、今度は毛を逆立てていた緊張を解きほぐそうとして副交感神経がはたらき出しますが、この両者の関係をうまく利用したのが、イヌの背中にタッチングする「背線マッサージ」です。

その方法は簡単。イヌのしっぽの付け根から首筋までの背中を、5本の指で爪を立てて、かき上げるようにします。つまり、毛を逆立てて交感神経を刺激することによって、副交感神経のはたらきを喚起しようというものです。

「でも、気持ちを落ち着かせようとしたら、副交感神経を刺激したほうがいいのでは?」

たしかに。この方法は一見、逆の作用のように思えますね。

でも、ストレスをたくさん抱えていたり、興奮や恐怖が内在しているときは、その気持ちを一度、発散させてあげることはとても大切なこと。ちょっと臆病なイヌ、攻撃的な性格が強いイヌ……など、つねにストレスをため込んでいるイヌは、実際に、背線マッサージを何度か繰り返すと、イヌの気持ちは鎮まり、うっとりとした表情を見せるものです。

もちろん、背線マッサージをして気持ちが落ち着いたあとは、副交感神経を刺激するように、首筋からしっぽの付け根にかけて仕上げのマッサージを。ブラッシングするとき、前に紹介したアロマオイルでマッサージするときに活用してもいいでしょう。

かみつくイヌに“フラワーエッセンス”入りエサ

人間もイヌも、ここぞという大舞台では緊張するもの。訓練士にとって、競技会はその舞台です。訓練士が緊張すれば、それはイヌにも伝わり、イヌがそわそわしていると、訓練士にも焦りが見えたりします。1回の失敗でドカーンと順位が落ちるのだから、一つひとつの競技にも緊張が走ります。ものすごいプレッシャーです。

うちの訓練士養成学校の生徒が競技会に出場したときも、例にもれず緊張していました。相棒のイヌは環境が変わるとなかなかトイレをしないイヌだったのですが、このイヌも、やはり案の定、落ち着かない様子で排尿もしていません。

「これを飲んで、2人とも落ち着け！」

私が彼らに飲むようにすすめたのは「フラワーエッセンス」です。イヌの口の中に2～3滴たらすと、ようやく排尿がはじまりました。排尿することによってイヌはスッキリ。リラックスした様子でした。ただ、悪かったのは、訓練士も飲んでしまったこと。彼もトイレが近くなってしまい、結局、競技会は失敗してしまいましたが……。

さて、このフラワーエッセンスとはなにか、その正体を明かしましょう。野生の花や草木から採取したエッセンスで、全部で38種類あります。それぞれ独自の特性を持ち、イヌの状態に合わせて何種類かを調合して用います。いまから70年ほど前に、英国の医師バッチ博士によって開発されたところから「バッチフラワーレメディ」と呼ばれています。

フラワーエッセンスは、動物病院などでも使われています。なんらかの異常を抱えて病院へ来るわけですから、イヌを含めた動物たちはかなり緊張しています。交通事故にあえば、そのショック状態は私たちが思う以上のものがあります。おびえたり、暴れる動物たちの精神状態を安定させるために、治療の補助として使われています。

イヌを訓練する私たちの世界でも、以前からこのフラワーエッセンスには注目が集まっていました。大型犬を扱いますから、基本的な服従行動ができないイヌの訓練は大変。イヌには個性があり、いわゆるヘンなクセがついてしまうと、それを矯正するのは、熟練した訓練士でも手にあまることがありますが、フラワーエッセンスを使用してからは、服従訓練がスムーズになってきて、〝効いた〟という実感を得ています。

みるみる落ち着く魔法のエッセンス

野生の草花
からつくられた
フラワー
エッセンスは
イライラしている犬には
1〜2滴たらして
やるだけで
効果
バツグン
エサや水に
まぜると良い
動物病院でも
使われている
38種類
ある

「今日はなんだかいい気分。なんでもいうこと聞いちゃおっかな〜」

使用方法は簡単。水やエサに2〜3滴混ぜるだけです。

「副作用があったり、依存したりすることはないの？」

当然の疑問。フラワーエッセンスは、もともと人間が使ってきたもの。薬ではないので、副作用や依存性、習慣性はないといわれています。アロマエッセンスで癒しを感じるのと同じと考えていいと思います。

「うちのイヌは、吠えついたりかみついたりと、とても問題が多いのだけど……」

フラワーエッセンスは38種類ありますから、イヌの状態に応じた調合が可能です。ただし、吠えたりかみついたりするという行為が権勢本能によるものなのか、強いストレスを受けているためのものなのか……など、どんな気持ちから発しているかによって、調合するものが違ってきます。愛犬をよく観察した上でピッタリのものをつくってやりましょう。できれば、一度、動物病院で相談してはいかがでしょう。

フラワーエッセンスの使い方は、水やエサに混ぜるほか、口の中に直接たらしてやったり、ミネラルウォーターで薄めて空中にスプレーしたり、手に取ってマッサージをしてもいいでしょう。

信頼関係がグッと高まる〝タッチング〟術

「遊んであげないと、かわいそう……」

多くの飼い主が思い込んでいる誤解です。もちろん、遊んでやることはいいことですが、その遊び方が問題になります。

「散歩には毎日出かけて、公園で遊ぶでしょ……」

「留守番をさせたら、そのぶんを取り戻すために家で遊ぶでしょ……」

「最近、ボール遊びを覚えたら、そればかりをやりたがるから……」

愛犬とのスキンシップ、大いにけっこう。

でも、こうした〝遊び〟が日課になってしまうと、日課が果たされないことで、イヌは大きなストレスを抱えることになります。

「今日はいっしょに、ボールで遊んでくれないの……!?」

いっしょに遊ぶのは、あくまで〝飼い主の勝手〟でなければなりません。

「じゃあ、どうやって遊べばいいの？」

それが「タッチング」です。1～3章でもお話ししてきましたが、これがイヌが目を細めて喜ぶ遊びであり、飼い主とのふれあいなのです。

特別な時間を設ける必要はありません。テレビを見ながら、本を読みながらでもできます。

「いま、ヒマだから……」と時間ができたら、タッチングしてあげましょう。

ただ、イヌは体端部をさわられるのがそもそも苦手。

社会化期のころから十分にタッチングをしてきたイヌは大喜びですが、大人になって、いきなり「さあ、タッチング」ではちょっと躊躇《ちゅうちょ》。はじめてのときは〝ごほうび〟を使ってもOKです。

イヌをコロンと横にします。

まず最初にさわるのは耳や口、手足の先、しっぽなどです。

ごほうびを使うときは、ちゃんとさわらせてから。イヤがる素振りを見せたときに与えるのは逆効果になってしまいます。

横にして、どこをさわられてもイヤがらなくなったら、仰向けにして同じことを繰

「タッチング」はながらでOK

り返します。

イヌの最大の弱点は鼠径部《そけいぶ》。

股《また》の間から後ろ足の付け根にかけてさわられるのをイヤがるイヌは多いもの。ここを攻め落としたら、タッチングの全行程は終了。

イヌにとって鼠径部を全開にしておなかを見せるという行為は、〝服従〟を意味していますから、飼い主にとってはしつけにもなり、イヌにとっては遊んで気持ちよく、リラックスできる最高の時間になること、請け合いです。

興奮を一瞬で鎮める〝ホールドスチール〟

わがセンターには、さまざまな犬種のイヌがいます。警察犬として訓練されるシェパードや競技会用の訓練犬として専門的な訓練をしているイヌなど、イヌなればこそできる役割を担うために目的に合わせて訓練されていますが、その作業を達成したとき、イヌは達成感を感じ、ある種の興奮状態にあります。そんな様子がある場合、訓練士は「ホールドスチール」を行います。それはこんな感じです。

イヌを股《また》の間に挟んで、背中側から懐《ふところ》に抱き寄せます。暴れるときは無言で力をこめて抱き寄せます。イヌがまだ暴れている場合は、それでもグッと押さえ込んで抱きしめます。

ホールドスチールでのポイントは、〝イヌと密着して、しっかり抱きしめる〟こと。両膝をついて、抱き寄せるためにもっともいい姿勢を保ち、安定させます。

イヌが暴れたらグッと抱き寄せ、動かなくなったらゆるめる。安心して身をまかせるようになればＯＫです。

こうした場合に行うホールドスチールは、いわば〝クールダウン〟的意味あいがあります。精神的にも肉体的にも感じているストレスからの解放。それがホールドスチールです。

ただし、イヌにとっては、後ろからいきなり抱きつかれるのですから、はじめてのときは面食らいます。

「おい、なにすんだよ‼」

これではクールダウンにはなりません。小さいころから、背後からホールドされることが、安心やリラックスに結びつくことを体験させておく必要があります。

最初はごほうびを使ってもいいでしょう。

２人１組になって、ホールドされてもイヤがらなければごほうびをやる。それでも暴れる様子があるなら、マズルコントロールといって、下あごを押さえる。ゆったりした様子が見られたら、またごほうび。

「ご主人に抱きかかえられると、なんだか気持ちが落ち着くなあ……。ふぅ〜」

とイヌが感じるようになれば、ホールドスチールは本来の目的を達するというわけです。

ホールドスチールは、遊びの一環としてふれあう「タッチング」よりは、しつけや気持ちを落ち着かせて、リラックスさせる意味あいが強いといえます。

からだの末端部分をさわられるのが苦手というイヌには、この姿勢から徐々に耳や手足、しっぽをさわっていく。気持ちがリラックスしていれば、苦手な部分をさわられても平気なイヌに変わります。

「まあ、かわいいワンちゃんね〜」

見知らぬ人が散歩途中に近寄ってきては、「よしよし」となでられるときも、飼い主が背後からホールドスチールをしていれば、緊張はやわらぎます。

このときの状況をわれら人間に置き換えても、同じようなこと、ありませんか？

「興奮した状態や緊張したときに、その気持ちを収めるために深呼吸したり……。たしかにしているなあ……」

イヌにとっては、それがホールドスチールというわけです。しかも、この方法、基本的な主従関係を築く上でも重要なしつけの方法なのです。絶対服従の体勢を受け入れているのですから……。

暴れるイヌが「ホールドスチール」で変身

ヤメェー!
競技会で興奮した犬も
ホールドスチールをしてやれば
ハイ クールダウンして
アア.. 気持が落ち着くなァ
足でしっかりはさむ
暴れようとしても抱きしめる

他のイヌと仲良くできないイヌには「段階的お見合い」を

ペットショップをのぞくと、かわいい子イヌたちがズラリ。

「あっ、目が合った！　私に飼ってほしいのかしら……」

早ければ、生後35日くらいでペットショップにお目見えする子イヌたちのあどけない表情は、そう思い込みたくなるほど、かわいいものです。

しかし、実は、ここにも将来、ストレスにつながる〝芽〟が潜んでいることを、多くの人はあまり知りません。

子イヌは生まれてからしばらくは、親から受ける、あるいはきょうだい同士で学ぶ〝教育〟期間が必要です。

チョロチョロしていうことを聞かないと、親イヌから首をカプッとかまれて服従の体勢を取らされたり、きょうだい同士で遊んでいるかに見える順位決めを体験します。子イヌはこうした経験の中から群れで過ごすルールを学んでいきます。

これらの経験が不足したままの子イヌがペットショップから〝わが家〟へやってくる。さあ、家族の対応といえば……？　チヤホヤ、ベタベタ、ですね。

しかも、幼犬のうちは「病気にかからないように」と、家の中で過ごすように指導されることがあります。でもこれは大いなる間違いなのです。

家の中で子イヌが接触するのは、チヤホヤする家族だけ。それが「自分がボス」的意識を熟成していくことはすでにおわかりでしょう。

しかも、ほかのイヌとの接触もなしといえば、大きくなって散歩に出かけたときに出会う「自分と似たような動物」とのもっとも基本的な〝動物的交流〟のしかたがわからない。

「鼻面を突きあわせたり、おしりのにおいを嗅いだりとか……」

そう。ふつうははじめて会うイヌ同士は相手のにおいを嗅いで交流のきっかけをつかんでいくものなのですが、それができないイヌは、いきなり吠えついたり、攻撃的な行動に出たりとなります。これはイヌにとってはものすごいストレス状態といっていいのです。

子イヌのうち、つまり、社会化馴致の時期にこそ、積極的に外出して、多くの人の手にふれさせ、ほかのイヌとの接触の機会をつくるのがいちばんいいのです。

親やきょうだいから受ける体験が少ないぶんを〝補足〟してあげるのです。

そうすれば、人間社会でもイヌ社会でも非常に友好的な性格に育ち、ストレスもたまらないわけです。

では、そうした経験の少ないイヌに対して、ストレスをなくして友好的な交流ができるようにするには、どうしたらいいのでしょうか。

とにかく、交流の機会をたくさんつくるのが先決です。

公園に出かける、あるいはしつけ教室など、イヌがたくさん集まるところへ連れて行く。そこにはいろんなタイプのイヌがいるはずですから、できるだけ友好的なタイプのイヌを見つけて、お見合いをさせてみるのです。

その際のルールはこんなぐあいです。

小型犬のメスなら、同じく小型犬のメスイヌかオスイヌ。小型犬のオスイヌはまず小型犬のメスイヌで試し、慣れてきたら、オスイヌ同士で交流させます。

小型犬の場合は、「わっ、おっきい！」というだけでビビッてしまうので、いきなり大型犬とのお見合いは避けます。

他のイヌとあいさつができるようになる方法

小型犬は
小型犬どうし
大型犬はオスとメスから
よけいな言葉はかけないで
ホラ ホラ
お友だちに
なりなさい
たくさんの仲間
とつき合っている
犬は、攻撃的に
ならない

大型犬同士のお見合いの場合も同じです。

オスとメスが最初のパートナーとしては最良です。友好的な小型犬のメス、友好的な大型犬のメス、さらに慣れてきたら、友好的な小型犬のオス、というぐあいに段階を踏んでいきます。

そして、このお見合いでいちばん大切なのは、飼い主は絶対に声をかけてはいけないということです。

「ほら、かわいいワンちゃんでしょ、お友だちになってもらいなさい」などはいらぬおせっかい。人間のお見合いにも定番のスタイルがあるじゃありませんか。「あとは、若い者同士で……」いいのです。

お互いのにおいを嗅ぎながら、イヌ自身が考えて「こうすればお友だちになれるんだ」ということを学習する時間をつくってやるのです。

「大丈夫よ、そんなにおどおどしなくても。仲よくしようね～」

そんな言葉がけは思考を混乱させるだけです。

飼い主がすることは、ただ、リードをきちんと持っていること。

ときどき目配せしながら、危険なムードが漂っていたら、ピッとリードを引っ張りましょう。あとは無言で。

イヌはひとりのリーダーのもとで群れをつくって暮らす動物です。その群れがいっしょに暮らす家族であるのは基本としても、散歩途中でよその群れで暮らす〝同胞〟とあいさつを交わすといった、本来なら、ごくふつうの交流がなく、ただ敵対する相手になってしまうのは、イヌにとってかわいそうなことです。

「よっ、久しぶりじゃないか。元気でやってたか？」

「ええ、私は元気。あなたも元気そうでなによりね」

そんなふうに会話しているかどうかは別にしても、仲間とふれあう時間は、イヌにとって適度な解放感を味わえるとき。ストレスをやわらげるものです。

イヌはイヌ同士。いい関係で交流できる環境をつくってあげましょう。

「車嫌い」を「車好き」に変える工夫

ストレスがたまると、人間なら、さしずめ、

「温泉にでも行って、ゆったり湯船につかって、ストレス解消といくか！」

「仕事ばかりでストレスいっぱい。さあ、ショッピングに行くゾ～！」

「今日は無礼講だ。ウップン晴らしに、パ～ッとワインバーへ！」

ということになるのでしょうか。では、イヌは？　吠えたり、かじったり、尾をかむ行動をしたり……と、ストレスを表現する行動をすることはあっても、それは解消にはつながらないところがつらい……！

イヌにとってのストレス解消は、なんといっても、飼い主と一緒に遊ぶというごほうび。ときどき連れて行ってもらえる散歩や、ときどきボールで遊んでもらえることだったりします。

車に乗ってお出かけすることも、そのひとつになるでしょう。

でも、車に乗って酔ってしまったり、つらい思いをした記憶が残ってしまうと、ストレス解消になるどころか、かえってストレスをため込むことにもなってしまいます。

そこで大切なのは、社会化馴致期のころから、

「車に乗ってお出かけするのは、ボクへのごほうびなんだね」

という気持ちを持たせること。

車に対してイヤ〜な記憶を持たせない最初のきっかけが大事。車にスムーズに乗れる方法を、まずご紹介しましょう。

車はすべてオープンにしておきます。窓を開け、ドアも開けます。そこに、家にいてハウスに入っているのと同じ状態をつくります。

最初は荷台がいいでしょう。ポンとハウスに入れれば問題はありませんが、躊躇するようなら、エサを使います。

車に慣れるまでの間は、食事時が狙い目。おなかがすいていますから、ポンと乗ってパクッ。

このとき、「乗れ」という言葉をかけて声符（コマンド指示語）を教えておきましょう。

初日はひとまず、車の中にあるハウスに慣れることで終了していいと思います。

エサがなくても車に乗ることに慣れたら、今度は少しだけ車を走らせてみる。はじめは長い距離は避けて、家の近所を回るくらいにとどめ、しだいに距離を延ばしていきましょう。

距離を延ばして少し遠出ができるようになったら、現地でのお楽しみをつくっておくのもいいでしょう。

目的地に着いたら車から出して少し散歩をさせるなど、もうひとつのごほうびを用意しておくのです。

そうするうちに、車のエンジン音が聞こえると、とたんに大喜び。

「ねえねえ、今日はどこへ連れて行ってくれるの？　わ〜い、うれしいな〜」

となること請《う》け合いです。ただし、ごぼうびが習慣にならないようにしましょう。

さて、車に乗ることにイヤな記憶が残っているイヌに対しては、これほど簡単にはいきません。車＝ストレスが記憶の回路に組み込まれているのですから当然です。

「ムリに乗せることもないかなあと、あきらめているんだけど……」

でも、車に乗らなければならない状況はいろいろ考えられます。病院へ行くとき、

車好きに変わる心理作戦

まあ〜
汚り…困ったわ
酔っても叱ってはダメ
まずは車に慣れさせることから
ハウス
現地へ着いたらごほうびを
ウワ〜イ
車に乗ったら遊んでくれるんだ

家族全員で旅行に出かけるといったとき、ひとりペットショップに残していくのは、家族も、イヌ自身も寂しい……。なんとか車に慣れさせる方法は？

こうした場合に、まず振り返ってほしいのは〝わが身〟。つまり、飼い主自身がどんな対応をしていたかということです。してはいけなかった状況を列挙してみましょう。

「あら、元気がないわねえ。大丈夫？　気持ちが悪いの？」

「大丈夫、大丈夫。もうすぐ着くからね、それまでは我慢してね～!!」

「あっちゃ～、吐いちゃったの……!?　掃除が大変。車の中もイヤなにおい～」

酔ってしまったイヌを前に、飼い主はイヌの背中をなでたり、声をかけたり、ブツブツいったりしませんでしたか？

イヌにしてみたら、酔って気持ちが悪い上に、飼い主からさまざまな〝声〟が飛んでくる。

「なんだか肩身が狭い……」

と感じても不思議はありません。車＝酔う＝怒られる。こんな印象が残ってしまいます。

そして最大の間違いが、車の中で〝放し飼い〟にしてしまうことです。車の中はカーブを曲がるときは左右に揺れ、デコボコがあると上下に揺れたりと安定しません。足もとが常にふらついている状態なのですから、イヌにとっては、ゆったり車の旅気分を楽しむ余裕などないというわけです。

では、悪印象を刻み込んでしまったイヌに対しては、どんな対応があるでしょうか。これには根気が必要ですが、まず、車に乗ることと、ハウスに入ることを同一線上におくこと。先ほどお話しした方法で、車の中に安心できるハウスをつくってあげることです。

乗ることをイヤがったら、ハウスの前にエサ、ハウスの中にエサ、というぐあいに徐々にハウスの中に入れる作戦で。乗り込んだらできるだけ外の景色が見えないように〝目隠しハウス〟状態にしてやることです。

ケージの上から布をかぶせて暗くするなど、できるだけ外界をシャットアウトしてしまうのです。

イヌは自分だけのプライベートな空間が確保されれば、それだけで安心するものです。

そして大切なのが、車に乗っている間はけっして話しかけたりしないこと。じっとしていることで、イヌは自然と空間移動していることから気をそらすことができるというわけです。

こうした方法で、少し時間はかかるかもしれませんが、車に乗ることが楽しいことにつながる記憶を覚えさせてあげてください。

イヌにとって楽しいごほうびは、たくさんつくってあげたいもの。車に乗ることで、楽しいごほうびがひとつ増えることは、イヌばかりではなく、飼い主にとっても楽しいことになる。そうですよね。

そしてもうひとつ、前に紹介した「音楽」を利用する手もあります。いつも飼い主と一緒にゆったりと過ごす時間に流れる音楽を聴かせて、リラックス気分を盛り上げてあげましょう。

とにかく、いろいろ試してみて、車に乗ることがごほうびになるように考えてあげてほしいと思います。

カリスマ訓練士のワンポイントアドバイス ❹

長い留守番もさびしくなくなるレッスン

① 出かける前から
知らん顔
② はじめのうちは2〜3分ですぐ戻る
知らん顔
何回かくり返して観察しよう
時間をだんだん長くして
そのうち帰ってくるサ
飼い主の不在に慣れさせていく

5

カリスマ訓練士が教える、もっと仲良くなる遊び方

ボール遊びがごほうびになるイヌ、ならないイヌの違い

ストレスを抱えているイヌは、多くの場合、飼い主との〝いい関係〟が築かれていない傾向があります。もちろん、すべての場合がそうではありませんが、よりいい関係を築くには、実は「遊び」は格好の手段。イヌはうれしく、運動にもなって、飼い主も楽しく、基本的な訓練にもなって、しかもストレスが解消できる。さらに、やる気も引き出す。そんな遊びなら最高です。

「ボール」は、そんな遊び道具にうってつけです。だれでも簡単にはじめられるというだけではなく、基本的なしつけの要素がすべて揃っていること、さらに応用範囲が広いというのが〝うってつけ〟の理由です。

ただし、すべてのイヌがボールに即興味を示すわけではありません。むしろ、ただ与えただけでは興味を示さないイヌのほうが多いのです。興味を持たせるための誘導が必要です。それにはこんな方法があります。

まず、イヌが口を開けているときにポイとボールをくわえさせます。このときに「モテ」という言葉をかぶせます。イヌは最初、なにが起こっているかわからないはずですから、すぐにボールを口から出してしまいます。そのときに「ダセ」という言葉をかぶせます。

そして次が肝心。くわえる→出す、という動作をしたあとに、ごほうびを与えるのです。イヌはごほうびをもらえたことで喜びますが、

「なぜ、ボクはごほうびがもらえたんだろう……？」

と、まだピンときていません。同じ動作を繰り返します。そうすると、しだいに、

「ボールをくわえて、〝ダセ〟といわれたら出すんだね。そうしたら、ごほうびがもらえるんだね。わかったわかった！」

ということを理解していきます。最初はくわえる時間は2～3秒で十分。徐々に延ばしていくうち、「ダセ」という言葉がかけられないかぎり、ずっとボールをくわえていられるようになります。

ここにも大切なポイントがあります。それは、ボールを口にくわえたままの状態で、「よしよし」と、十分にほめてあげること。そうするとイヌは、

「持ったままでいると、ご主人がほめてくれる。これでいいんだな!」

これを繰り返すうちに、ごほうびがなくても、「くわえる」→「出す」動作ができるようになっていくというわけです。

ボール遊びのスタートは、まず、ボールをちゃんとくわえることができるようにさせることです。そして、「ボール」=「ご主人、喜ぶ」=「ボク、ごほうび」→「ボール」=「興味」といった変化を誘導していくのです。

ボールに興味が出てきたら、少し遠くへボールを差し出してみる。

「あっ、ボールだ! 取りに行こっと!」

ボールに対して興味が湧いていれば、2~3歩、歩いてでもボールを取りに行きます。そうして、くわえたら「ダセ」でごほうび。これを繰り返して、徐々にボールを遠くへ投げるようにしていきます。

ここでもうひとつ大切な〝指令〟があります。それは「コイ」という言葉がけ。遠くに投げたボールをくわえて出すまではできたとしても、くわえた場所で出したりくわえたりしているだけでは相互の遊びになりません。そのうち、「ボクのオモチャ」意識が芽生えて、ひとり遊びをはじめたり、ボールをくわえたままどこかへ行ってし

飼い主と良い関係を築くボール遊び

①
ボールをくわえさせて
②
犬が出したら
ダセ
と声をかけて
③
ごほうびを
ヨシヨシ
くわえている時にほめるのがポイント
①〜③をくり返す
ボールに興味がわいてきたら
遠くへ放りなげる
「コイ」で呼びよせることも忘れずに

まうこともありますから、くわえたら「コイ」で、飼い主のもとに持ってくるようにすることが大切です。

ボールをくわえたら「コイ」。「コイ」ができたら、ここで十分にほめてやり、そのあとにはじめて「ダセ」をしてごほうび、です。

飼い主とのボールのやりとりが「楽しい遊び」になれば、あとは広場や砂浜でのボール遊びも自在です。

ただし、肝心なのは、「遊んでもらう」という意識をイヌに持ちつづけさせること。遊びを日課にしたり、イヌが「もう飽きた」と思うまでつづけてはいけません。遊びの主導権はあくまで〝ボス〟である飼い主が握ること。ボールをくわえておねだりしても、飼い主の都合しだい。「もっと遊んで……」という要求のあるうちに終了しましょう。

ちなみに、ゴム製のボールは、くちゃくちゃとかみやすいことから〝オモチャ〟になりやすいもの。ボール遊びが上手になってきたら、いろいろな大きさのボールにも対応できるようになりますが、最初は、大きすぎず小さすぎないもので、固めのボールを選びましょう。

憧れのフリスビーを教えるちょっとしたコツ

ボール遊びがマスターできたら、投げて→くわえて→持ってくる、という遊びは自在になります。

よく見かけるのが、木切れを投げて遊ぶ姿。海辺の波打ち際をパシャパシャと水しぶきをあげながら楽しそうに木切れを拾っては、飼い主のもとへ走る。

「ああ、楽しそう……。あんなふうにイヌと遊べたらすてきだろうなあ～」

この遊びができるには、ボールをくわえて出すというしつけを行ったときと同じように、木切れにも慣れておく必要があります。

〝見慣れない〟ものも、ボールと同じように遊び道具になることを覚えさせること。ふだんからボール以外のもので「モテ」「ダセ」ができるようにしておけばいいのです。

「本当は、イヌと一緒にフリスビーをするのが憧れ……」

そんな飼い主はきっと多いことでしょう。

「競技会に出たいと思っているわけじゃないけど、イヌといっしょに暮らしている人なら、あの息の合ったコンビネーション、みんなの憧れよねえ……」

この憧れのフリスビーも、遠くに投げたボールをくわえて持ってくるボール遊びができれば、そうむずかしいことではないのです、実は。

イヌの開いた口にフリスビーをくわえさせ、くわえた状態でほめ、出してごほうび。くわえたままなら「ダセ」で取り出してもOK。そのあとに、きちんとごほうびをあげればいいのです。

くわえて離さないときは、フリスビーの上にごほうびを置き、それに注意を向けさせて「ダセ」。

「どっちを取ろうかな……？　やっぱ、ごほうび！」

これを繰り返していけば、フリスビーの上にごほうびを載せる必要もなくなります。ただし、この方法を実践するには〝前段階〟があります。

ふだんからフリスビーに慣れさせておくというのがそれです。イヌにとって、プラスチック製のフリスビーは歯ざわりが悪いのか、実際にはあまりくわえたがらないからです。

まず手始めは、食事を入れるボウルをフリスビーに替えます。食事が終わったらフリスビーはしまい、イヌの目にふれないように隠します。何回かつづけて〝フリスビー食器〟で食事をしたあとは、ふつうのボウルに替えて、ときどきフリスビー食器を登場させます。

「平らで変な形をした食器は、ときどきしか出てこないけど、なんなんだ～⁇」

それが狙い目。再び目の前に現れたフリスビーを見て、イヌはどう思うでしょう。

「この形をしたものは、きっと特別なものに違いない……‼」

イヌがそう認識したら、先ほどの方法でくわえることを実践するというわけです。

次のステップは〝ごほうび〟がなくてもくわえるようにさせること。比較的近い正面から、スッとフリスビーを投げます。

このとき、フリスビーを左右前後にすばやく動かして、

「さあ、これからポイッと投げるよ、いい？」

と注意をフリスビーに向けさせます。

イヌは基本的に動くものに興味を示しますから、そんな様子が見られたらポイッと。

ただし、興味を示さないときはムリに投げてはいけません。飛んできたフリスビーで

「痛い思い」をすれば、それが〝トラウマ〟になってしまうこともないとはいえません。あくまで興味を持つまで待つというのが原則です。

さて、フリスビーを見事キャッチしたら、やることは2つ。「よし」「コイ」の一連の言葉がけをしたあと、思いっきりほめてあげましょう。そして、「ダセ」です。

今度は、向きを変えてやってみます。フリスビーはからだの横から投げるバックハンド・スローという投げ方が基本ですが、この動作をイヌの目線の位置で行います。

フリスビーをすばやく動かして、イヌがうまくくわえることができたら「グッド」。この動きでくわえることができたら、今度は少し前に投げます。上手にくわえることができたら、「グッド」といってほめてやりましょう。

フリスビーを前に転がして（ローラーという）、それをイヌが追うという方法も興味を引き出すには効果的なやり方です。

どの方法でも、最初は長めのリードをつけてやります。くわえたまま帰ってこないことも考えられるからです。

さて、ここまでマスターできたら、あとは徐々に距離を延ばしていくだけ。

うまくキャッチして持ってきたらほめる。さらに距離が延びてキャッチがうまくい

「フリスビー」もこうすればできるようになる！

フリスビーに慣れさせるため、食事の器として使う
食べ終ったらサッと片づけて
サア
始めるよ
正面から始めよう
次は横から犬の目線で
は
特別なものなんだ
と思わせることが肝心
ころがして追わせるのもOK

ったら、もっとほめる。イヌにとっては、これ以上の楽しい遊びはないでしょう。

「だって、ご主人と一緒に遊べて、ほめられるんだもん。ルンルン」

遊んでいる間は、失敗しても、けっして叱ってはいけません。あくまで「楽しい遊び」「特別な遊び」という認識を持たせることが大切です。

そして、「まだ遊んで」という様子が見られるうちにやめることが大切。これはボール遊びと同じですが、遊んだあと、フリスビーはイヌの目の届かないところにしまっておくこと。「特別なもの」という意識がそこで育まれます。

買い物カゴをくわえておつかい

ものを「くわえる」「出す」という動作ができるようになると、遊びの幅はグンと広がります。

ボール遊びも、フリスビーも……。そして、これも飼い主憧れの「お手伝い犬」になるのも、そうむずかしいことではありません。イヌにとっても飼い主にとっても、お互いにいい関係を築くひとつの方法ですから、ぜひトライしてみましょう。

「お手伝い犬」といって、まず思い浮かぶのは、買い物でしょうか。店の前に買い物カゴを置いて、ちょこんとすわっている姿は、なんともかわいく、自慢気でもあります。

さて、買い物カゴの場合は、「くわえたまま運ぶ」ということを覚えさせます。

ボールやフリスビーの場合は、遠くにあるそれをくわえてご主人のところへ持ってきて遊ぶわけですが、買い物カゴの場合は、「運ぶ」ことが「楽しい遊び」だということを印象づけさせる必要があります。

買い物カゴの取っ手をくわえたら、まず、ここで十分にほめます。そして、リードを引いて少し歩いてみます。

途中で口から放しても叱ってはいけません。なにくわぬ顔で、再びイヌに買い物カゴをくわえさせてほめ、また歩きはじめます。

最初は短い距離で。しだいに距離を延ばしていきますが、買い物カゴの場合は、くわえたまま「スワレ」ができるようになることがポイントです。

少し歩いてとまり、「スワレ」。

ここで十分にほめてやりましょう。きちんと「スワレ」ができたら、「ダセ」と買い物カゴを下に置かせ、ごほうびです。

ここまでできたら、「お手伝い犬」としては合格。実際に近所の商店街へ連れ出してみましょう。もちろん、最初はごく近所で。

でも、はじめからうまくできるイヌは、そんなに多くはありません。買い物カゴを放って、リードをグイグイ引っ張ってしまったり、おしっこをしはじめてしまったり。

「やっぱり、うちのコ、お手伝い犬にはなれないかも……。今日はここでおしまい」

お手伝いも楽しい遊びになる

といって、練習中にその行動をやめないこと。

「買い物カゴをくわえて運んだけど、ちっとも楽しくなかったよ〜」

そんな記憶が残ってしまうからです。「くわえて運ぶ」ことがその日にできなければ、イヌが喜んで〝できた〟時点に逆戻りして、うまくできたら終了としましょう。

静止した段階でなら買い物カゴをくわえることができるなら、それをするのです。

「ボク、運ぶことはできなかったけど、くわえるのは上手だったでしょ……⁉」

上手にできたら、ほめてあげ、次の機会を待ちましょう。

イヌはそもそも、ものを「くわえる」ということにはそれほど抵抗を感じていないものですが、くわえても、すぐに吐き出したり、くわえたまま、くちゃくちゃとかみだしたりと、「くわえたまま」でいることが少し苦手なのです。くわえたものをオモチャにしてしまうことが大好きなのです。

「ボール遊びもしたいし、フリスビー犬に憧れている……」

「お手伝い犬に育ってくれたらなあ〜」

そう思う前に、この点をよく理解しておきましょう。どの遊びも、イヌが〝喜ぶ〟ことが大前提。できなくても、ムリにやらせたりは、けっしてしないでください。

いい関係を築くための楽しい遊びも、ムリヤリにやらせることによって、それがさらにストレスの原因をつくってしまうことになってしまいます。

「ま、いっか。そのうちできるようになってくれたら、うれしいけど……」

イヌとのいい関係の基本は、主従の関係がきちんとできていること。「遊び」を覚える前に、もう一度、そこに立ち返ってみるのもいいのでは？

公園のベンチ遊びで困った性格まで見事に直る

「アジリティ」というイヌのスポーツをご存じでしょうか。簡単にいうと、イヌと飼い主が一緒に楽しむ障害物競走といったところ。決められたポイントをクリアして、タイムを競うスポーツです。

バーを越えたり、トンネルをくぐったり、シーソーの上を歩いたり……と、見るとかなりハードなスポーツです。テレビなどでときどき取り上げられているので、見たことがある人もいるはず。

でも、イヌは本来、高いところに登ったり降りたり、くぐったりといった行為は得意ではありません。

「できれば、こんなことしたくないなあ〜。だって、得意じゃないもん！」

そう思っています。それなのに、イヌはその障害物競走をとても楽しんでいる様子です。それはなぜでしょうか。苦手なことをあえてやらせることによって、それがだんだんできるようになると、服従本能がきちんと育ってくるのです。服従することが自然なことであるとイヌが感じるようになるのです。だからこそ、飼い主との連携が絆を生み、成し遂げたという達成感がイヌを自信に満ちたものにする。それがアジリティ・スポーツの真骨頂です。

アジリティは5種類の障害物の組み合わせによって行われます。ひとつは「ハードル」です。レンガの壁（に模したもの）、クロスハードル、パネルハードルなどがあります。「トンネル」は、ハードとソフトがあり、ソフト・トンネルは湾曲《わんきょく》しています。「スラローム」は文字通り立てた棒の間を縫うようにして走るもの。「ドッグウォーク」はシーソーの上を走り抜けるものですが、登って降りる間際に一瞬の停止が要求されます。これが実はなかなかむずかしい。

「でも、すごい運動量だし、うちのコはそこまでは、きっとムリ……」

もうひとつの障害物は「テーブル」と呼ばれるもの。ほかの種目のすべてがスピードを求められているのに対して、この種目は「停止」することを目的としたものです。走ってきて「トマレ」。「トベ（上がれ）」でテーブルの上にジャンプし、次に「スワレ」、そして「フセ」。この状態で5秒間静止するというのが競技会でのルールです。

「う〜ん、これならできるかもしれない。しかも……」

そう、しかも、〝困った性格〟まで直すにはうってつけの方法です。この種目には、もっとも基本的なしつけである「トマレ」「スワレ」「フセ」が入っています。

「うちのコは、まだそれもできない……」

そうであるなら、ぜひトライしてみましょう。困ったイヌにとっては、「遊び」の要素があればあるほど、より魅力的です。大切なのは、「楽しい遊び」と感じさせること。これを教えるときは、できなくてもけっして叱ってはダメ。それが大前提です。

公園へ散歩に出かけて、ベンチを利用してやってみましょう。

まず、ベンチの前に来たら、「トマレ」と声をかけます。もちろん、困ったイヌがそれを喜んでやるわけはありませんね。ここでリードと、ごほうびの登場です。リードをピュッとひいて、少しでも止まった状態がつくれたら、ほめます。そのあとがごほうびを与えるタイミング。何回か繰り返してピタッと止まれるようになったら、今度はベンチの上に「トベ」の練習です。

2〜3歩、助走をつけて「トベ」。手にごほうびを持って、それで誘導するといいでしょう。ベンチの上に上がったら、またほめてやりましょう。でも、このとき、困ったイヌは、ごほうびに神経が集中して、「ちょうだい、ちょうだい」とせがんでくるはずです。

ここが肝心。飼い主とイヌの間にくるように、ごほうびを目線より高く上げます。すると、自然に腰が落ちて、おすわりの体勢になりますから、その姿勢になったと同時に、「スワレ」の言葉をかけてほめて、ごほうび。同じ方法でごほうびを低く下げて、「フセ」の言葉をかけながら、その姿勢をとらせます。ここでまた、ほめてごほうび。このときだけは、思いっきりほめてやりましょう。

最初はごほうびがさかんに登場してきますが、徐々にじっとしていられるようになったら、言葉がけだけでも十分になります。そうなれば、アジリティの「テーブル」は完成です。

「ご主人と遊ぶのって楽しいなあ〜。ボク、いままですこしやんちゃだったけど、これからは、ちゃんと〝ご主人〟って思うからね」

のびのびとしていられる屋外で、イヌがこの遊びを楽しいと感じることができれば、応用範囲はグンと広がります。

「家では、ソファの上がうちのコの居場所。家族のほうが小さくなっているくらい」

「来客があると、キャンキャン吠えて、ソファの上に割り込んでくるんです……」

そんな困った性格がある場合は、まず、〝天罰〟方式を採用。ソファの上に上がると、ずり落ちる程度に座布団を置いておきます。

いつものようにソファに上がったイヌはコテン。「?・」。また上がろうとしてみても、またコテン。しだいに「ソファに上がるとヘンなことが起こる」ことがわかってきますから、勝手には上がらなくなります。

「ソファに上がることにイヤなイメージがあると、公園のベンチの上にも上がらないのでは……?・」

そのイメージを残さない工夫が〝座布団〟なのです。イヤなことが起こる条件に座布団がありますから、座布団を取り除いて上がらせるようにすればいいわけです。

「ああ、なるほど!」

場所を変えれば、イヤなイメージが消えていくのもすぐ。ここで「テーブル」遊びをマスターできれば、ソファの上にも、飼い主の合図がないかぎり、勝手に上がってくることもなくなります。

主従関係を築くしつけの要素が入っているこの遊び。試してみましょう。

キャンキャン
ワーイ
ここは
ボクの場所だよ
どいてどいて
こんな
やんちゃな犬も
公園のベンチを使ってしつけをしよう
トマレ
ピ
トベ
エサ
少しでも
止まったら
ごほうびを
命令をきく
ことが楽しいと思わせる
ようにしていく

愛犬と一緒に水泳を楽しむ

イヌにはそもそも、持って生まれた〝得意技〟があります。

ボーダーコリーは羊を追い込むのが得意、ゴールデンレトリーバーは狩猟犬として、猟で得た獲物をくわえて持ち帰るのが得意、水猟犬もいます。その代表がラブラドールレトリーバー。泳ぎの得意なラブラドールレトリーバーは、海辺でも川でも、得意げに泳ぎはじめますが……。

「イヌかき」というくらいですから、イヌはみんな泳ぐことが得意だと思っています。ところが、そうではないイヌも、実はいるのです。そんなイヌを、いきなり水辺に連れて行って、「さあ、泳げ」といってもムリな話。

「波のうねりも怖がらず、スイスイと泳ぐ。一緒にサーフィンするのが夢……」

その夢を実現するには、まず、水に慣らすことからはじめます。

イヌにとっては飼い主と関わって〝なにか〟をすることは、すべて遊びになります。

「水は怖い」というトラウマを植えつけないかぎり、すべては楽しい遊び。水遊びがトラウマにならないように、けっしてムリ強いはしない。その一点だけを気をつけましょう。

水に慣らす方法はいくつかありますが、まずは家の中ではじめましょう。

小型犬なら洗面器、大型犬なら、たらいやビニール製の子ども用プールを使います。お風呂場でもできますし、庭先でも、ベランダでもはじめられます。

容器に水を張ったら、飼い主はイヌの好物を持って呼び、その手を水面に近づけて「よし」。つまり、「食べていいよ」というサインを出します。

ここでイヌがすんなりと食べればOK。少し躊躇する様子が見られたら、手を水面から遠ざけて、「よし」。これを繰り返して、より水面に近いところで好物を食べさせるようにします。

この段階をクリアしたら、次のステップへ進みます。

まず、好物を持った手を水面に沈めます。水の中にある好物を食べるためには、イヌの顔は水面にふれることになりますが、このときまたも躊躇するようなら、食べることができた位置まで逆戻りして、再び沈めます。

本来、イヌは鼻先や顔を水の中に入れることは得意ではありませんが、一度はびっくりしたイヌも、2回目ともなれば、

「好物を食べるためなんだから、鼻先がちょっとぬれたくらい平気さ！」

と慣れてきますから、次はさらに好物を沈めても「パクッ！」。

このときは、できれば足先だけは水につけるように、洗面器やプールの中に入れておいてからやるようにするといいでしょう。子イヌのころからシャンプーに慣れていれば問題はありません。

顔が水にぬれることに慣れたら、今度は水面をパシャパシャさせてみる。〝動く水面〟にも慣れてきたら、ここではじめて水辺に連れて行きましょう。

最初は水際で。イヌも飼い主もいっしょに水遊びを楽しんでください。ボールや木切れで遊ぶことが上手なら、まず、それを楽しみましょう。

水の中に顔をつけることがすでにできているわけですから、ボールや木切れが水中に浮いている状態でも、くわえて持ってくる 遊び は十分にできるはずです。

「こんな遊び、はじめて！　わ〜い、楽しいな〜」

それにはまず、飼い主がお手本を示します。砂浜から水際へ走ります。

水嫌いのためのラクラク水泳術

まずは水に慣れさせる
エサ
水面の上のエサが食べられるようになったら
水面下へ
動く水面にも慣れたら河や海へ
水中では犬と同じ高さに

このとき、イヌが水を怖がらず、飼い主といっしょにバシャバシャと水の中に入ってくればOK。その誘いに乗らず、怖がっている様子があるときは、ボールを投げて同じことを繰り返してみましょう。

あるいは、砂浜で「マテ」をさせておいて、飼い主が水中に入る。ここで「コイ」と呼んでみます。

それでもすくんでしまうイヌはいますが、ムリに引っ張り込んだりしないこと。あくまでイヌが自分の意思で水中に入ってくるまで何度か同じことを繰り返します。

そして、水際に慣れたら、いよいよ水中へ。得意技（？）のスイミングです。このときも、やはり飼い主といっしょに。

小型犬ならそのまま抱えて、イヌの足が底につかない深さの位置まで行き、そこでおなかを支えてやりながら放してみます。

飼い主の水深は腰の位置。水中に放すときは、飼い主は腰をかがめて、イヌといっしょの高さになります。

大型犬の場合は2人で抱えます。本当に泳げないと、しがみついたり、ひっかいたりすることがあるので、慎重に。

「わ～ん、溺れるよう～!!」

としがみついてきたら、すっと立ち上がり、「イケナイ」と教えます。そのうち、

「足をバタバタさせたら、なんだか泳げたみたい……」

イヌが水に慣れたら、イヌが泳ぐのに沿って、いっしょに水の中を歩いてあげましょう。

私が常々思っているのは、イヌを飼うときは、〝プロの飼い主〟になってほしいということです。

憧れのイヌとの遊びも、一朝一夕《いっちょういっせき》にできるわけではありません。それなりの時間もかけ、イヌの気持ちも理解する。その上で、いかに楽しむか、楽しめるか、です。遊びを楽しめるイヌになれば、ストレスを抱えることもなく、抱えたとしても、遊びで一気に解消することができるようになるものです。主人に対する信頼があれば。

運動にもしつけにもなるサイクリング術

イヌとのサイクリングも、憧れの遊びのひとつでしょうか。小型犬にはちょっとムリですが、大型犬なら、適切な教え方をすれば、これも実現可能です。しかも、運動にもなって一石二鳥。

ただし、毎日散歩をすることが運動だと考えていたり、排泄《はいせつ》のためのものだと習慣づけているなら、その〝間違い〟を正さないとうまくはいきません。

散歩の習慣がストレスの原因をつくっているということは、再三お話ししてきました。時間通りに散歩に連れて行ってもらえないとストレスになる。マーキングすることが当然のこととして許されていますが、これも権勢本能をフル回転させてストレスになる。さかんにリードを引っ張って飼い主を先導するイヌも、やはり権勢本能を全開にしていますから、ストレスのある状態です。

この状態のイヌでは、自転車に乗ってサイクリングすることはまずムリ。主従が逆転していますから、自転車ごと引っ張られるのは必至です。

まず、自転車をイヌと人の間に置き、止まった状態でリードを持ちます。イヌが前へ出ようとしたら、ハンドルをそっちのほうへ切る。つまり、自転車のタイヤで行く手を防いでしまうわけです。

イヌはタイヤにぶつかって、「イテッ、なにすんだよお～」と不満気でしょう。イヌが前に出たくなったら数歩進み、また出るようであれば、イヌのほうへハンドルを切る。

「いったい、どうなってんだ……？？？」

このとき、飼い主はイヌを見たり、声をかけたりしてはいけません。「前へ出る」ことを奨励されていると思うからです。あくまで天罰方式で行います。

「この方法って、リーダーウォークの自転車版？」

その通りです。この自転車版リーダーウォークも、つづけていけば服従本能が発達してきます。自転車より前へ出なくなったら、少し自転車を走らせてみましょう。

もちろん、排泄もマーキングも、散歩とは切り離して考え、イヌもそれを理解するようにさせる必要がありますが……。

プロカメラマン並の可愛い写真を撮るには

いろいろなイヌを指導していると、ままあることなのですが、こちらが出したサインに小首をかしげるようなしぐさをすることがあります。これは、イヌがこちらのいうことを理解していないというサインです。

「ん？　いまのサインは、どういう意味なの？」

そう語りかけている表情です。

「あるある、そんなときが……」

こんな表情が見られたら、飼い主の教え方がうまく伝わっていないという証拠。もう一度、はっきりと声をかけるなり、サインを出して理解させましょう。

シャッターチャンスは、まさにこのときです。

「かわいい表情の写真を撮りたいと思っているけど、なかなかうまくいかない。小首をかしげる、こんな表情をする瞬間にパチッと撮れたらいいんだけど……」

信頼する飼い主ならシャッターチャンスは思いのまま！

ちゃんと「マテ」ができるイヌなら、〝その瞬間〟を撮るのは、そんなにむずかしくはありません。

まず、「マテ」をさせます。

「次の合図はなに？　次はなにをすればいいの？」

「マテ」の状態では、イヌは飼い主のほうを一生懸命に見ていますから、その目線とカメラを重ねる。このときに音を出します。

たとえば、猫の鳴きまねをしてみると、イヌはきっと「ん？」という表情をして、小首をかしげるはず。そこをパチリ。

ただ、この瞬間も、「マテ」という服従行動が不完全であれば、音につられて動いてしまいますから、静止した状態がつくれることが前提でしょう。

イヌは信頼する飼い主に向かっては、とてもハッピーな顔をするものです。静止していなくても、ビデオなら、そんな様子も撮影することができます。散歩途中に飼い主を見上げる表情、うんちをしているときの、ちょっとコミカルな表情……などなど。

あとは、撮る側の〝腕〟しだい、です。

本書は、2004年1月に小社で刊行された『藤井聡の犬がどんどん飼い主を好きになる本』を加筆・修正したものです。

青春文庫

カリスマ訓《くん》練《れん》士《し》が教《おし》える
イヌがどんどん
飼《か》い主《ぬし》を好《す》きになる本《ほん》

2010年7月20日　第1刷

著　者　藤《ふじ》井《い》　聡《さとし》

発行者　小澤源太郎

責任編集　株式会社プライム涌光

発行所　株式会社青春出版社

〒162-0056　東京都新宿区若松町 12-1

電話 03-3203-2850（編集部）

03-3207-1916（営業部）

振替番号　00190-7-98602

印刷／共同印刷

製本／フォーネット社

ISBN 978-4-413-09470-2